怀旧中国味道

甘智荣◎主编

黑龙江科学技术出版社

图书在版编目（CIP）数据

怀旧中国味道 / 甘智荣主编 . -- 哈尔滨：黑龙江
科学技术出版社 , 2018.1

ISBN 978-7-5388-9329-8

Ⅰ . ①怀… Ⅱ . ①甘… Ⅲ . ①中式菜肴 – 菜谱 Ⅳ .
① TS972.182

中国版本图书馆 CIP 数据核字 (2017) 第 195750 号

怀旧中国味道

HUAIJIU ZHONGGUO WEIDAO

主　　编　甘智荣
责任编辑　宋秋颖
策划编辑　深圳市金版文化发展股份有限公司
封面设计　深圳市金版文化发展股份有限公司
出　　版　黑龙江科学技术出版社
　　　　　地址：哈尔滨市南岗区公安街 70-2 号　　邮编：150007
　　　　　电话：（0451）53642106　　传真：（0451）53642143
发　　行　全国新华书店
印　　刷　深圳市雅佳图印刷有限公司
开　　本　720 mm×1020 mm　　1/16
印　　张　14
字　　数　200 千字
版　　次　2018 年 1 月第 1 版
印　　次　2018 年 1 月第 1 次印刷
书　　号　ISBN 978-7-5388-9329-8
定　　价　39.80 元

目录

Chapter 5　大隐于街巷的小吃

玫瑰桃仁糕

福字饼

糯米糍条

Chapter 1

藏在美食里的文化

中国美食文化几千年，虽然有些美食看起来平凡，但却凝结了人们对于美食的追求与智慧。这些美味流传至今，虽然现在不停地有外国的点心流行起来，但是对于很多人来说，中国美食带有童年的美好回忆。

那些年糕里的文化

年糕是中国的传统食物，主要是用黏性大的糯米或米粉蒸制而成的，做成各种形状、口味咸甜的糕，是中国农历新年的应时食品。

年糕的历史

早在辽代，家家就有吃年糕的习俗。

到明朝、清朝的时候，年糕已经发展成一种常年的小吃，并有南北风味之别。

年糕在满族中是用于跳神的祭品，满族名叫"飞石黑阿峰"，并有诗一首。

糕名飞石黑阿峰，

味腻如脂色若琼。

香洁定知神受飨，

珍同金菊与芙蓉。

年糕的来历

关于春节年糕的来历，有一个很古老的传说。在远古时期有一种怪兽叫"年"，一年四季都生活在深山老林里，饿了就捕捉其他兽类充饥。可到了严冬时节，兽类大都躲藏起来冬眠了。"年"就下山伤害百姓，掠夺人充当食物，百姓不堪其苦。后来有个叫"高氏族"的部落，想出了聪明的办法：每到严冬，预计怪兽快要下山觅食时，事先用粮食做了大量食物，搓成条、切成块放在门外，人们则躲在家里。"年"来到后找不到人吃，饥不择食，便用人们制作的粮食条块充腹，吃饱后再回到山上去。人们看怪兽走了，都纷纷走出家门相互祝贺，庆幸躲过了"年"这一关，平平安安，又能为春耕做准备了。这样年复一年，这种避兽害的方法传了下来。因为粮食条块是高氏所制，目的为了喂"年"渡关，于是就把"年"与"高"联在一起，称为"年糕"（谐音）了。

年糕的历史

过年吃年糕是中国人的风俗之一，年糕是过年必备的节日食品，据说是从苏州传开的。它的由来有这样一个传说：春秋战国时期，苏州是吴国的国都。那时诸侯称霸，战火连年，吴国为防敌国侵袭，修筑了一道坚固的城墙。这天，吴王摆下盛宴庆贺，席间群臣纵情酒乐，认为有了坚固的城墙便可以高枕无忧了。见此情景，国相伍子胥深感忧虑。他叫来贴身随从，嘱咐道："满朝文武如今都以为高墙可保吴国太平。城墙固然可以抵挡敌兵，但里边的人要想出去也会同样受制。如果敌人围而不打，吴国岂不是作茧自缚？忘乎所以，必致祸乱。倘若我有不测，吴国受困，粮草不济，你可去相门城下掘地三尺取粮。"随从以为伍子胥酒喝多了，并未当真。没过多久，吴王驾崩，夫差继承王位，听信谗言，赐伍子胥自刎。越王勾践便举兵伐吴，将吴国都城团团围住，吴军困守城中，炊断粮绝，街巷内妇孺的哭声惨不忍闻。这时那个随从记起伍子胥从前的嘱咐，便急忙召集邻里一起来到相门外掘地取粮，当挖到城墙下三尺深时，才发现城砖是用糯米粉做的。顿时人们激动万分，朝着城墙下跪，拜谢伍子胥。这些糯米粉救了全城老百姓。此后，每逢过年，家家户户都用糯米粉做"城砖"（就是年糕样子的由来）供奉伍子胥，久而久之，便被称作"年糕"了。

打开年糕大门的钥匙

工具

碗

搅拌面粉时用，建议准备多种大小不同的碗。

木铲

炒豆蓉时用。不建议使用金属铲或有香味的木铲。

筛子

可使各类粉更细腻、口感更好。做煎炸的打糕或发酵的打糕时要用高温筛子。

木杵

是将食材捣碎的工具，日常生活中经常用它来制作手打年糕、米糕。

刮板

使打糕表面平
整以及切块时
使用。

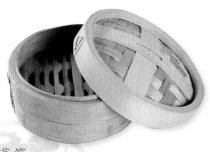

竹蒸笼

蒸糕用。类型繁多，买所需
的大小即可。

白棉布

白米蒸糕经常用到白
棉布，因为可以防止
糕下面的部位蒸成稀
软状态。

打开年糕大门的钥匙

食材

红豆

色泽红润，加上牛奶、砂糖烹制后，口感香甜软糯，是年糕的好搭档。

熟糯米粉

熟糯米粉是由生糯米粉加工而成的，粉粒松散，一般呈白色，吸水力大，遇水即黏连。在制品中呈现软滑带黏状，多应用于广东式点心、月饼和水糕皮等中式点心。

澄粉

澄粉又称小麦澄面，是用面粉加工洗去面筋，然后将洗过面筋的水粉再经过沉淀，滤干水分，再把沉淀的粉晒干后研细的粉料。其特征：色洁白、面细滑，做出的面点半透明而脆、爽，蒸制品入口爽滑，炸制品脆。

黄豆面

是以炒熟的黄豆研磨成的粉,用以撒放在年糕表面,给年糕添加香气。

糖粉

糖粉为洁白的粉末状糖类,颗粒非常细,可以用来装饰饼干、蛋糕等,也可以增加甜味。

抹茶粉

绿茶研制成的粉末,略带苦涩的味道,加入年糕中可使糕点具有抹茶的风味及色泽。

面条里藏着的内涵

带你走进面的世界

起源发展

在中国，挂面可谓历史悠久。唐代、宋代是面条真正成"条"的时期。元代、明代已经有挂面问世。挂面的生产在元代就开始了，当时主要采用太阳晒干。直到新中国建立前，大量的挂面均为手工制作，仅少数采用机械制作。新中国建立后制面业才得到迅速发展，挂面生产线的机械化程度日益提高，室内烘干技术较为普遍地推广。挂面发展到今天，品种繁多，制作技术各异。

中国人喜欢吃面食，尤其在北方，方便面、挂面等大行其道。新的研究表明，远在唐代，中国人就已经在食用这种"快餐"。专门从事敦煌饮食研究的高启安博士说："检阅敦煌文献发现，远在唐代就出现了挂面，当时叫作'须面'。"

过去，学术界一直认为成书于元代的《饮膳正要》所出现的"挂面"，是中国有关挂面的最早记载。而在敦煌文书中不止一次出现"须面"，并被装入礼盒送人。如当时敦煌的一户人家将须面用作了婚俗中的聘礼。今日中国仍有地方将挂面称作"龙须面"。

辨别挂面好坏的方法

颜色：真正的挂面颜色应该是一种柔和的白色，特别白的不一定好，面的白色应该是柔和色。越接近麦心越白，这是肯定的。

外表：好挂面的包装紧，两端整齐，竖提起来不掉碎条。

气味：抽出几根面条，或在面条的一端用鼻子闻一下，如有芳香的小麦面粉味，而无霉味或酸味、异味，就是好挂面。

试筋力：上好的面，用手捏着一根面条的两端，轻轻弯曲，其弯度可达 5 厘米以上。

不整齐度：不整齐度应低于 15%，其中自然断条率不超过 10% 的为上好面条。

卫生指标：面条应无杂质、无霉变、无异味、无虫害、无污染。

包装：净重偏差不超过 ±1%，包装紧实，整齐美观，包装上应标明厂名、产品名称、商标、净重、生产日期、保质时间。

硬度：硬度好的咬起来发脆，拧一拧比较有劲，不容易断，这是比较好的面条。

不可或缺的酱汁

清油酱

材料： 盐、红辣椒末、糖各 3 克，生抽 20 毫升，蒜末 10 克，鱼露 10 克

做法： 将所有原料混合拌匀即可。

秋葵蘸酱

材料： 面酱 70 克，秋葵 4 根，盐少许

做法：
1. 剥掉秋葵的花蒂部分。
2. 锅中加水，煮沸后加入抹上盐的秋葵，稍煮片刻取出放入冷水中。
3. 沥干水分后切成小圆片，加到面酱中拌匀。

白芝麻酱汁

材料： 面酱 70 克，白芝麻碎 30 克，白芝麻粉少许

做法：
1. 白芝麻碎放大碗中，少量多次倒入面酱拌匀。
2. 将混合酱汁倒入容器中，撒上白芝麻粉。

山药酱汁

材料： 面酱 70 克，山药 30 克
做法： 1. 山药拍碎放入碗中。
　　　　2. 少量多次倒入面酱拌匀。

裙带菜酱汁

材料： 面酱 70 克，裙带菜丝 50 克
做法： 将裙带菜丝倒入面酱中拌匀即可。

熟鸡蛋酱汁

材料： 面酱 70 克，熟鸡蛋 2 个
做法：
1. 熟鸡蛋切开。
2. 在容器中加入面酱后放入切开的熟鸡蛋即可。

照烧酱汁

材料： 生抽 20 毫升，盐 4 克，白糖 8 克，味淋 15 毫升，高汤 100 毫升
做法：
1. 高汤倒入锅中大火煮开，加入生抽、味淋、盐、白糖。
2. 搅拌匀后转中火，持续煮至原有的一半量即可。

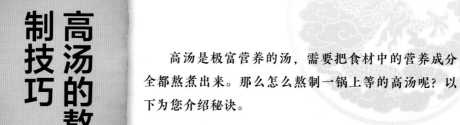

高汤的熬制技巧

高汤是极富营养的汤，需要把食材中的营养成分全都熬煮出来。那么怎么熬制一锅上等的高汤呢？以下为您介绍秘诀。

1. 所有肉料一定要用冷水下锅

熬肉汤不宜用热水，如果一开始就往锅里倒热水或者开水，肉的表面突然受到高温，外层蛋白质就会马上凝固，使里层蛋白质不能充分溶解到汤里。肉料冷水下锅，经过缓慢加热，可使肉质中的脂肪、氨基酸和鲜味物质充分渗入汤中，使高汤更加鲜美醇香。如果待水沸后再将肉料下锅，还会阻碍肉料内部的鲜味物质渗出，令高汤的鲜醇度降低。

2. 配水要合理

用水量一般是熬汤的主要食材重量的3倍，而且要使食材与冷水共同受热。如果计算出现失误，水量严重不足，必须再次加水时，一定要加沸水，以保证加入的水与锅中的汤水温一致，才不会对最后熬好的高汤质量造成太大影响。

3. 搭配要适宜

有些食物之间已有固定的搭配模式，营养素有互补作用，即餐桌上的"黄金搭配"。最值得一提的是海带炖肉汤，酸性食材猪肉与碱性食材海带的营养正好能互相配合，这是日本的长寿地区——冲绳的"长寿食品"。为了使汤的口味比较纯正，一般不宜用太多品种的动物食材一起熬。

4. 熬煮后剩下的肉料不要丢弃

因为高汤最后浓度接近饱和，其实肉料中的营养物质和鲜味物质并没有得到完全地释放，只要重新加入适量清水继续熬煮，还可制成一锅上好的"二汤"。

5. 熬煮高汤时不能加"重口味"调料

例如葱、姜、蒜、八角、绍酒等，虽然这些调味料都是去除腥膻的"高手"，但气味太过强烈，去除腥膻的同时也将高汤的鲜味冲抵殆尽了。

6. 火候要适当

旺火烧沸，小火慢煨，这样才能把食材里的蛋白质浸出物等鲜香物质尽可能地溶解出来，使熬出的汤更加鲜醇味美。只有小火才能使营养物质溶出得更多，而且汤色清澈、味道浓醇。

7. 汤中勾芡或加油使汤汁变浓

在汤汁中勾上薄芡，可使汤汁增加稠厚感；在汤中加油，可令油与汤汁混合成乳油液。方法是先将油烧热，冲下汤汁，盖严锅盖用旺火烧，不一会儿，汤就变浓了。

借糕饼说那过去的故事

饼里的礼节

　　糕饼不仅代表着古老的饮食文化，还是人类文明开始之后民俗文化的传承象征。而每当节庆、喜事、祭祀时，制作这些糕点可表达对大地自然律变的谦卑之心。应景糕点、节庆大饼、祭祀糕点、手作年糕……细细寻味每一种糕饼背后酝酿的真情，都可以感受人类智慧的丰美。

熟绿豆粉

熟绿豆粉（专做绿豆糕的豆粉）由纯绿豆烘焙研磨而成，细腻，香气浓郁。

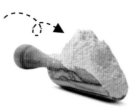

太白粉

太白粉是由土豆精炼的淀粉，加水遇热会凝结成透明的黏稠面团。

粉类介绍

中式糕饼最常使用的粉类有面粉、米粉。

依糕点不同会选用不同筋度的面粉，以及不同米研磨制成的米粉。

黏米粉

由黏米研磨而成，成品较硬，有着糯米粉不可代替的作用。

糯米粉

糯米粉是由糯米浸泡于凉水中 2 ~ 3 小时使颗粒膨胀后捞出沥干水分磨成的粉，其粉粒松散、吸水力强、黏度高，与水调和后产生黏性，制成的食品软滑带黏性，多用于广式点心。

食材
糕饼的关键

澄粉

澄粉又称澄面，是一种无筋的小麦淀粉，粉质洁白，经常与其他粉类搭配使用。

熟粉

熟粉是用熟米研磨而成的，粉质松散、吸水力强，制作好的成品软化且带黏性。

中筋面粉

蛋白质含量介于高、低筋粉之间，粉质略粗，常用于面点。

低筋面粉

蛋白质含量低、粉质白、筋性弱，短时间搓揉就会产生筋性，适用于制作松软的点心。

花生油

以花生仁为原料压榨提炼而成的，熔点低，富有浓烈的花生香气，可用在中式糕点的饼皮内。

猪油

用猪脂肪熬制而成的，延伸性、融合性非常好，具有天然的香味，是制作酥性点心的常用油脂。

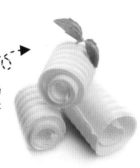

无盐黄油

无盐黄油是不含盐分的奶油，较不会影响糕饼的味道，适用于各式点心。

油类介绍

中式糕点跟西式糕点不同，西式糕点中用的油脂大多是黄油，而中式糕点大多添加的是猪油，油香会更浓郁。偶尔也会用气味浓烈的花生油或芝麻油。

芝麻油

芝麻油以芝麻为原料提炼而成，气味浓郁，与花生油相同，常运用在中式糕点的饼皮中。

带你走进糕
饼的世界

"糕模""饼模""饼印"

这些传统的木质模具是制作糕饼时使用的印模，是糕饼文化里的重要一环。

质朴的木纹上雕着凹凹凸凸的美丽花草图案，或表达吉祥祝福的文字；

更隐藏着习俗信仰等内涵，反映多彩的民俗文化。

花形：饼模外形以圆形居多，有"月圆人团圆"之意；圆形之外还有象征"花开富贵"的花形等各式饼模。

龙凤：龙凤拱双喜的纹样，为传统婚嫁中常用的喜饼模具，有着龙凤呈祥的寓意。

糕模：糕印外形通常为无柄，圆纹精致，变化多端。

囍：囍字表示好事成双，而丰富的花样纹饰象征着幸福、喜悦。

糖类介绍

黑糖: 未经褪色的茶色砂糖,具有独特的香甜味,多用于风味独特且颜色较深的点心。

细砂糖: 颗粒细小,色泽雪白,溶解后无色透明,是糕点的常用调味剂。

糖粉: 细砂糖磨成粉末状,溶解速度快;糖分内含有少许玉米淀粉,有防潮及易混合的特点。

麦芽糖: 无色透明状,甜度比蔗糖低,可取代砂糖使用,因为保湿性好、黏度高,经常用于馅料内。

街头巷尾
的美味

小食的真面目

　　小食通常是指一日三餐之外的时间里所食用的食品。小食的类型可谓五花八门，遍及粮食、果蔬、肉蛋奶各类，酸甜辣咸等各味俱全，热吃、凉吃等吃法不一，远远超出了词典中关于"小食"所下的定义范畴。经过若干年的发展，特色小食成为美食文化不可缺少的一部分，因为各地的风俗习惯不同也有不同的地域特色。小食一般根据本地的特产制作，中国北方的小食讲求制作需时短或可以比较长时间储存，随吃随取，不必像烹调主餐那么费事。有的小食由于取材比较普遍，很快流行到其他地区；但有的小食由于口味独特或只用本地材料，只能局限在一个地区。现代由于人口流动大，材料运输方便，许多原来局限在一个地区的小食迅速向各地扩散。著名小食则靠着口耳相传而与大众文化紧密交缠，甚至可以成为当地代表的饮食，比如台湾的台南担仔面、永和豆浆，北京的豆汁儿。

　　随着时代的发展，现在的休闲食品有时会成为加餐或替餐食品，成为正餐中的一部分甚至是替代品。同时，健康型休闲食品的概念涉及低钠、低盐、低饱和脂肪、非油炸烘烤型，无添加剂、防腐剂等，这将使消费者选择小食成为"一日三餐"中的第四餐。

小食的发展历程

20 世纪 70 年代的小食 Style

70 年代由于生产技术的限制，人们常吃的小食还是非常原生态的。比如烤红薯、爆米花，这些都是老少咸宜的小食。

80 年代的小食 Style

80 年代的小食界"双雄"：冬有糖葫芦，夏有老冰棍。酸酸甜甜，满是童年的味道！

90 年代的小食 Style

小食家族的阵容日渐壮大，越来越多的人喝上了可乐、吃上了奶糖。酒心巧克力吃多了到底会不会醉成了许多人心底的疑问。

到了现代，琳琅满目的小食种类更是数不胜数。随便往超市的小食货架上一看，内心就会忍不住激动：这盛世，果然如吃货所愿！

有句话说得好，"民以食为天"，如今人们已不单单停留在吃的表面，而是要让吃变得更加健康、更加休闲。在这样的饮食理念下，休闲食品得到了飞速的发展。

消费对象逐渐扩展，市场进一步细分，年轻时尚的青年群体将成为休闲食品消费的主流。在这个消费群体中，22~35 岁的消费者对休闲食品的消费比例最高。

国民消费能力的提升对高端需求的拉动效果十分明显，使高端休闲食品市场发展旺盛，中国本土高端消费群体也已开始浮出水面，由此促成一批高端休闲食品品牌的诞生。随着进口休闲食品在国内的兴起，更是激发了一大群具有较高消费能力的群体对休闲食品的关注，而且进口休闲食品在口味、品质、包装上都符合他们追求高品质生活、显示身份地位的想法。

近年来，一线的大中城市已成为休闲食品的主战场。同时，随着越来越多的人员回流到这些地区，他们带回去的新观点、新理念必将影响到整个地区的消费观念。

同时，对于小食口味的创新也很重要，产品好不好，消费者一吃就心里有数了。目前，年轻消费者作为主力军，他们对于新奇口味也有着更高的要求。不管怎么样，小食渐渐成为生活中消遣的一部分，不可缺少。

红豆年糕汤

莲子糯米糕

Chapter 2

过节吃糕，节节高

年糕是过年必须吃的食物之一，雪雪白、软绵绵、甜滋滋，一看到它，心里面就会自然而然地生出喜爱之情。做年糕时，首先需要将糯米磨成浆，这个步骤有着"一切从头开始"的美好寓意。雪白的米浆会像小瀑布般流出来，而且初磨成的米浆还带着淡淡的米香味，非常好闻。在浓浓的米浆里加入适量的糖后，就可以等着进蒸炉了。

红豆年糕汤：红豆汤是冷天最温暖的安慰，这道红豆汤内若加入了烤年糕，不仅暖胃，还可增加饱腹感，一道美食多重满足。

莲子糯米糕：莲子藏于荷芯，清香美味，加到香糯的米糕内，给米糕更添风味。

白糕

分量：2~3 人份

白糕是人们喜爱的点心之一，其味是天然的糯米清香味道，甜中有回味，老少皆宜。

原料

糯米粉 100 克，黏米粉 50 克，植物油 1 小勺，温水 100 毫升

做法

1. 糯米粉、黏米粉装入容器中。

2. 加入 1 小勺植物油。

3. 加入温水，混合所有材料，和好面团。

4. 把面团放入容器中上锅蒸 35 分钟。

5. 蒸至面团表面光亮，从锅中取出，放凉。

6. 脱模后装入盘中，装饰即可。

松糕

松糕是由马来西亚华侨带回的糕点，口感松软带韧，甜且可口。

原料

糯米粉 80 克，黏米粉 200 克，绵白糖 40 克，清水 160 毫升

做法

1. 将糯米粉、黏米粉、绵白糖放入盆中。
2. 加入清水充分混合。
3. 边翻拌边用手掌将粉团搓散成潮湿的粗粉状，盖上湿布放置半小时。
4. 蒸笼底部衬上纱布，将粉过筛入蒸笼，松松地铺平整但不要压紧实。
5. 上锅蒸 30 分钟左右，手指按上去没有干粉即可熄火取出。
6. 凉凉后脱模切块即可。

凉糕

分量：8 人份

凉糕香甜沙软，食之清爽可口，还有解毒排脓、利水消肿、清热祛湿、健脾止泻等功效。

原料

凉糕粉 250 克，红糖 40 克，白糖、冰糖各 10 克，清水 3400 毫升

做法

1. 在碗中倒入凉糕粉，再加入 600 毫升清水，调成均匀的浆状。

2. 在锅内先加入 2800 毫升清水烧开，再将调好的浆倒入，用大火加热熟化。

3. 当米浆变为黏稠的糊状后，改用中火继续加热 5 分钟至熟。

4. 关火搅拌片刻，待大气泡消失后起锅分装于碗中，冷却后即成凉糕。

5. 红糖、白糖、冰糖按 4 : 1 : 1 的比例加入适量清水熬制，熬到糖溶化且有微黏稠感时即可。

6. 冷却后的凉糕放入盘中，浇上糖水即可。

原料

糯米粉 500 克，清水 360 毫升，片状红糖 400 克，新鲜蕉叶适量，食用油、红枣、花生各少许

做法

1. 糯米粉过筛备用。
2. 新鲜蕉叶洗净抹干，裁剪成跟模子相匹配的尺寸。
3. 红糖加清水煮溶后，放凉。
4. 红糖水凉了以后，将红糖水倒入糯米粉里，边倒入边拌匀成粉浆，稍为结实后用手把粉浆慢慢揉成面团状。
5. 糕盘内部铺上蕉叶，在蕉叶内上刷一层油，将面糊倒入刷好油的蕉叶内。
6. 放入蒸锅大火蒸 2 小时左右，出锅后点缀上红枣和花生，装盘即可。

红糖年糕

分量：3~4 人份

红糖年糕是一道传统的汉族小吃，红糖味道浓郁，年糕香甜软糯。

糖不甩

分量：3人份

糖不甩又名「如意果」，是广东地区汉族传统名点，口感酥滑香甜、醒胃不腻。

原料

糯米粉160克，黏米粉40克，清水180毫升，红糖50克，生姜3片，花生碎50克，黑、白熟芝麻适量，白糖30克

做法

1. 将糯米粉和黏米粉混合后，加130毫升清水混合成光滑的糯米面团，搓成15克左右的小团子备用。
2. 将团子放到水中煮至漂浮。
3. 另起一锅，加入红糖、50毫升水，慢慢搅拌至红糖溶化，加入生姜，煮出香味后捞出。
4. 在花生碎中加入白糖和黑、白芝麻，搅拌均匀，制成配料。
5. 将煮好的小团子直接捞到糖汁中，小火煮片刻，使糖汁均匀裹满团子，待糖汁浓稠后关火。
6. 将团子装盘，撒上增香的配料即可。

糯米糍条

分量：2~3 人份

越来越多的西式甜点易博人眼球，但其实中式小点也有它们的独特之处。

原料

糯米粉 300 克，豆沙馅 100 克

做法

1. 取 50 克糯米粉用小火慢炒至微黄，备用。

2. 250 糯米粉加入适量水揉成糯米粉团，放入蒸锅中蒸熟。

3. 取出蒸熟的粉团放凉，分成等量的小剂子，揉成长条。

4. 将长条擀至 0.5 厘米的厚度。

5. 将红豆馅放在长条面皮上，再将面皮对折，搓成长条状。

6. 将搓好的糯米磁条放在炒熟后的糯米粉上滚一圈即可。

排骨年糕

排骨年糕只不过是寻常人家的家常饭食，却也是美味之选，只需朵颐称快，无须吃出浮云如梦、云破山空的禅意。人间烟火，哪有极品，只因当时饥渴，所以销魂。

原料

排骨 250 克，年糕 100 克，八角、草果各 1 个，沙姜 3 克，
香叶 2 片，生姜 8 克，蒜末 5 克，葱段 3 克，盐 1 克，生抽、
老抽各 5 毫升，料酒 15 毫升，食用油适量

做法

1. 洗净的生姜切片，年糕切片。

2. 锅中注水烧开，倒入洗净切块的排骨，加入料酒，拌匀，汆煮一会儿至去除血水及脏污，
   撇去浮沫，捞出汆好的排骨，装盘待用。

3. 用油起锅，倒入姜片、蒜末、葱段，爆香，倒入汆好的排骨，炒拌一下。

4. 淋入料酒、生抽，翻炒均匀，放入各种香料，拌匀。

5. 注入 400 毫升左右的清水，加入盐、老抽、料酒，拌匀后用大火煮开后转小火焖 15 分
   钟至熟软。

6. 倒入切好的年糕，拌匀，加盖用小火焖 30 分钟至年糕熟透及入味。

7. 拣出八角、草果、葱段、香叶，关火后盛出装盘即可。

青团

分量··3人份

碧绿色的团子，带有淡淡的青草香，习俗上用于清明祭祖。

原料

糯米粉 200 克，红豆馅 100 克，黏米粉 30 克，澄粉 30 克，白糖 30 克，艾草叶 20 克，猪油适量，清水 210 毫升，食用油少许

做法

1. 糯米粉、黏米粉、澄粉放入盆中，混匀。

2. 艾草叶加适量水煮至深绿色，捞出艾草叶，加入白糖，煮溶。

3. 艾草汁拌入粉类中，拌匀至无干粉的状态，加入适量猪油，揉成面团。

4. 将面团分成等量的团子，红豆馅分成比糯米团小一点的团子。

5. 把糯米团用手按扁，放入红豆馅，慢慢边包边往上推糯米团，直到把红豆馅完全包住。

6. 盘中刷一层食用油，放入青团，将盘子放入烧开的蒸锅中，蒸15 分钟，取出即可。

雪里蕻炒年糕

分量：2~3人份

一款日常的雪里蕻炒年糕也是绝对的美味！

原料

片状年糕300克，猪里脊肉120克，雪里蕻75克，料酒10毫升，酱油5毫升，玉米淀粉5克，盐、食用油各适量

做法

1. 年糕切片。

2. 猪里脊肉切丝，拌入料酒、酱油、玉米淀粉，略腌。

3. 雪里蕻切小段。

4. 锅中注油，炒散肉丝，再加入雪里蕻炒匀后，先盛出。

5. 另用2大匙油炒年糕，并加盐1/2茶匙、清水1/2杯。

6. 炒至年糕稍软时，倒入雪里蕻肉丝，炒匀，盛出装盘即可。

宫保年糕

积攒了一年的想念，边吃年糕边等待早晚会出现的你。

原料

年糕400克，花生米50克，去皮胡萝卜100克，青椒20克，
干辣椒3克，花椒6克，葱段、姜片、蒜末各少许，盐2克，
白糖3克，生抽、陈醋各5毫升，食用油、水淀粉各适量

做法

1. 青椒切块，胡萝卜、年糕切成丁。

2. 用油起锅，倒入年糕，煎约2分钟至两面微黄，煎好后装入盘中备用。

3. 用油起锅，倒入花椒、干辣椒、姜片、葱段、蒜末，爆香。

4. 放入胡萝卜、年糕、青椒，炒匀。

5. 加入盐、生抽、白糖、陈醋，翻炒约2分钟使其入味。

6. 加入水淀粉、花生米，炒匀，将炒好的年糕盛出，装入盘中即可。

八宝年糕

分量：5~6人份

『吃甜甜，过好年』，八宝年糕味道甜美，有甜蜜圆满的寓意。

原料

糯米粉60克，八宝粥300克

做法

1. 将八宝粥倒入碗中。

2. 糯米粉过筛，加入到八宝粥中。

3. 搅拌至呈光滑无颗粒状的米浆。

4. 稍稍抖动震平，让内部空气排出，封上保鲜膜。

5. 放入蒸锅中，以中火蒸约50分钟至熟。

6. 取出放凉后脱模即可。

红豆年糕

分量：2人份

蒸制而成的年糕软糯香甜，加入了甜甜的蜜红豆，口感更是绵密软滑。

原料

糯米粉200克，牛奶180毫升，红糖250克，红豆150克，盐1/4小勺，食用油少许

做法

1. 红豆加水煮滚后，转小火续煮约5分钟，盖上锅盖，续煮约40分钟直到红豆酥软但不破皮。

2. 滤掉多余的水分，拌入100克红糖和盐，大火收汁即可熄火，盖上锅盖焖数小时让甜味进入红豆中。

3. 牛奶倒入小锅中以小火加热，加入红糖，煮至溶化后放凉。

4. 糯米粉放入容器中，将放凉的红糖牛奶倒入糯米粉中搅拌均匀，成为浓稠的糯米生粉浆。

5. 将红豆加入糯米生粉浆中轻轻搅拌均匀。

6. 碗中刷一层食用油，将拌和均匀的糯米糊倒入碗中，封上保鲜膜，放入烧开的锅中，以中火蒸约1小时即可。

7. 年糕蒸好取出后，可在年糕表面刷上食用油，以防止干燥，然后可脱模冷却。

分量：4~5人份

萝卜糕

腊味萝卜糕是广东传统点心之一，也是广东人新年必备的贺年食品。香浓的味道扑鼻而来，引得人忍不住吃完一块又一块。

原料

黏米粉 600 克，澄粉 80 克，太白粉 50 克，清水 2300 毫升，
白萝卜丝 1600 克，腊肉丁 220 克，虾米 60 克，胡萝卜 100 克，
盐 28 克，细砂糖 15 克，芝麻油 20 毫升，白胡椒粉 5 克，
食用油适量

做法

1. 胡萝卜、腊肉丁、虾米中加入 12 克盐、细砂糖、芝麻油、白胡椒粉腌渍片刻。

2. 热锅注油，加入腌渍好的胡萝卜、腊肉丁、虾米拌炒香。

3. 充分翻炒匀后，将炒的原料盛出装入碗中，待用。

4. 黏米粉、澄粉、太白粉混合过筛，加入 1000 毫升清水，拌匀至无颗粒的面浆，白萝卜
   丝加入 16 克盐与 1300 毫升的清水煮沸，加入面浆中，边加热边拌煮至浓稠的米浆。

5. 加入一半炒好的腊肉，混合均匀，将米浆倒入模具中，约九分满，抹平，再把剩余的腊
   肉丁均匀地铺在表面。

6. 模具放入烧开的蒸锅中，以中火蒸 100 分钟左右即可。

芋头糕

分量：5~6人份

芋头口感细软，绵甜香糯，是老少皆宜的食材，将其做成糕点更让人爱不释手。

原料

黏米粉 200 克，糯米粉 300 克，清水 500 毫升，芋头 250 克，
虾米 40 克，洋葱 30 克，姜少许，食用油 15 毫升，盐 5 克，
细砂糖 10 克，酱油 10 毫升，白胡椒粉 3 克，五香粉 2 克

做法

1. 虾米切碎，芋头切成丝，洋葱切成粒，姜切成末。
2. 将洋葱炒香，放入虾米、芋头丝、姜末拌炒匀，加入食用油、盐、细砂糖、酱油、白胡椒粉、
   五香粉调味，炒匀后盛出备用。
3. 将黏米粉与糯米粉混合过筛在馅料上。
4. 加入 500 毫升清水混匀。
5. 容器上封上保鲜膜，放入烧开的蒸锅中。
6. 以中火蒸 25 分钟至熟，取出待凉后脱模即可。

分量：3~4人份

锦鲤椰汁年糕

做成锦鲤形状的年糕是最讲究吉祥意头的广东人的创造，甜蜜蜜的椰汁年糕做成锦鲤的样子，取了『鲤鱼跃龙门』及『年年有余』的双重寓意。

原料

糯米粉85克，澄粉21克，椰汁140毫升，白糖60克，红糖7克，橄榄油1茶匙，橙红色食用色素极微量，巧克力溶液少量

做法

1. 糯米粉、澄粉过筛两次，分成95.5克与10.5克；椰汁分成126毫升和14毫升。

2. 锅中注水烧热，将红糖加入到14毫升椰汁中隔水煮溶，加入2滴橄榄油与10.5克糯米粉和极微量橙红色食用色素，拌匀至无干粉状态。

3. 锅中注水烧热，将白糖加入到126毫升椰汁中，加入大半茶匙橄榄油与95.5克糯米粉，隔水煮溶，拌匀至无颗粒状。

4. 两种煮好的粉浆分别过筛，使粉浆顺滑无颗粒。

5. 准备好锦鲤模具，将橙红色粉浆不均匀地注入少量于锦鲤的各个部分，再注入白色粉浆至九分满。

6. 放入烧开的蒸锅中大火蒸20分钟，取出放凉约5分钟，脱模，再以巧克力溶液点睛，即成。

红龟糕

分量：3~4 人份

在林林总总的糕点供品中，红龟永远是最抢眼和最喜气洋洋的，橙红色的Q弹糕皮包裹着甜甜的豆沙馅。

原料

糯米粉 300 克，细砂糖 70 克，清水 210 毫升，食用红色素少许，红豆沙 280 克，食用油适量

做法

1. 将糯米粉过筛，加入细砂糖、食用红色素混合均匀，加入清水揉成米团状。

2. 取 55 克米团放入沸水锅中煮至浮起，捞出后与生米团混合，揉匀。

3. 将米团分成等量的小剂子，擀成面皮，包入适量的红豆沙，捏合收口，搓圆。

4. 模具表面抹上一层食用油，面团表面也刷上少许食用油，方便脱模。

5. 将面团放在模具上，按压出纹路。

6. 将红龟糕放置在烧开的蒸锅上，以小火蒸 18 分钟至熟，即可。

马蹄糕

其色茶黄，呈半透明状，可折而不裂，撅而不断，软、滑、爽、韧兼备，味极香甜。

原料

马蹄粉 250 克，马蹄 8 只，红糖 290 克，清水 1500 毫升

做法

1. 马蹄粉倒入盆中，加入 750 毫升清水，搅拌成浆。

2. 马蹄切成小粒。

3. 将剩余 750 毫升的清水加入红糖，在锅里煮溶。

4. 红糖溶化后，加入切好的马蹄粒。

5. 在红糖水中缓缓加入一小碗马蹄粉浆。

6. 一边加入一边搅拌（约 2 分钟），变成熟粉浆，然后熄火。

7. 把剩下的生粉浆倒入熟粉浆中。

8. 搅拌均匀，形成生熟浆。

9. 蒸笼里垫上棉布，然后倒进生熟浆。

10. 锅盖包上棉纱布。

11. 放入烧开水的锅中，用大火蒸 20 分钟即可。

12. 蒸好后的马蹄糕取出冷却。

13. 脱模切成块状，盛盘即可。

炖年糕

分量：3~4人份

软嫩的年糕加上牛肉与蔬菜，营养又美味，是富含蛋白质的一道丰盛美食。

原料

年糕500克，牛腩300克，清水10杯，肉汤1杯，白萝卜300克，胡萝卜200克，牛肉100克，香菇3个，白果10粒，鸡蛋2个

肉作料：

生抽1大勺，白糖半勺，碎葱2小勺，捣好的蒜1小勺，芝麻油、芝麻各1小勺，胡椒面少量

炖作料：

酱油6大勺，白糖3大勺，碎葱4大勺，芝麻油、芝麻各1小勺，胡椒面少量

做法

1. 年糕切成条，在开水里烫一下拿出来放凉。
2. 把白萝卜、胡萝卜切成滚刀块。
3. 把牛腩、牛肉切成块；泡好的香菇去除水分，切成条。
4. 锅中注水烧热，放入白萝卜、胡萝卜块，炖煮一会。
5. 香菇条、牛腩、牛肉中加入生抽、白糖，再放入碎葱、捣好的蒜，加入芝麻油、芝麻、胡椒面进行调味。
6. 鸡蛋分离成蛋清、蛋黄，分别将蛋清、蛋黄煎熟。
7. 将煎好的蛋清、蛋黄切成丝。
8. 把牛腩、牛肉、香菇、白萝卜、胡萝卜放在锅里炖煮。
9. 加入所有炖作料以及肉汤，以中火炖至烂糊。
10. 待肉和蔬菜入味时，放入年糕继续炖煮，炖煮至汤汁稍微收干后再加白果炖一会儿。
11. 炖完盛在碗里，在上面放鸡蛋丝即可。

红桃粿

分量：20个

红桃粿是广东潮汕著名的汉族小吃，取桃果造型而得名。桃果象征长寿，所以制作桃粿反映了人们祈福祈寿的愿望。

原料

黏米粉150克，去皮绿豆150克，花生碎50克，雪粉80克，清水165毫升，盐、烟米、食用油各适量

做法

1. 绿豆提前泡水，洗净沥干水分，再与黏米粉一起放入蒸锅中蒸熟。

2. 把熟绿豆倒入平底锅中翻炒，加盐与花生碎炒成粉状，待用。

3. 锅中注入适量清水，放入烟米与黏米粉，边煮边迅速搅拌上劲，再倒在案台上揉成团，加食用油与雪粉，将面团分成等量的小剂子。

4. 将剂子擀成粿皮，再放入绿豆沙，封口，包成三角形，放入模具中，放入蒸锅中，蒸8分钟后脱模即可食用。

花生糍粑

分量：3~4人份

幸福，有很多的定义：有人因为爱情而幸福；有人因为友情而幸福；也有人就因为简简单单地吃而幸福；有人因为亲情而幸福！

原料

糯米粉200克，细砂糖30克，清水适量，黏米粉100克，花生碎100克，花生糖、食用油各适量

做法

1. 黏米粉用慢火炒40分钟至熟，炒熟后倒进干净的盘里待凉。

2. 将糯米粉和细砂糖加入适量的清水中，搅成米浆过滤待用。

3. 蒸盘上涂一层食用油，把米浆倒入蒸盘，然后放进锅内隔水大火蒸20分钟至熟。

4. 把蒸熟的糯米粉团取出待凉，花生碎与细砂糖混合待用。

5. 把黏米粉倒入已凉的糯米粉团里，然后均匀分成小块，用拇指在中间按一个洞，加入适量的花生糖，并用手指轻压封口即成。

6. 将成品表面撒上一层炒熟的黏米粉以免粘手。

黄米糕

分量：3~4人份

记得小时候，因为白面少，母亲经常做黄米糕给我们吃。那时的早餐经常是喝一碗糊糊，吃两块黄米糕。

原料

黄米面 300 克，豆沙馅 150 克，食用油适量

做法

1. 黄米面放入盆中，加温水，搅拌成块状，再用手揉匀。

2. 锅里烧开水，笼屉上铺上笼布，把面均匀撒在笼屉上。

3. 盖上锅盖蒸 7~8 分钟后就熟了。

4. 放入盆中，手蘸凉水快速揉成一块儿。

5. 把糕切成小块，包入豆沙馅，捏成圆形。

6. 锅中注油烧至六成热，把糕放入油中，一面炸透再翻另一面炸透，两面都炸成金黄色，即可盛出装盘。

桂花拉糕

分量：2~3 人份

糕体透明，清润如玉，桂酱金黄，入口后香甜糯滑，余留淡淡酒香在唇齿之间。

原料

糯米粉 280 克，澄粉 80 克，白糖 100 克，温水 360 毫升，玉米油 70 毫升，五粮液 20 毫升，桂花酱 2 大匙

做法

1. 白糖中加入温水，拌匀至无颗粒状的糖水。
2. 糯米粉、澄粉混合均匀，加入糖水、玉米油和五粮液，搅拌成米浆。
3. 模具中涂抹玉米油。
4. 把米浆倒入模具中，封上保鲜膜。
5. 放入烧开的蒸锅中，隔水蒸 40 分钟。
6. 取出后放至冷却，脱模切块后加入桂花酱即可。

六月黄炒年糕

分量：2~3 人份

农历六七月间将熟未熟的童子蟹，个子虽小巧，却是膏黄肥满、肉质鲜嫩，而六月黄炒年糕更是一道地地道道的上海菜。

原料

毛蟹3只，片状年糕300克，胡萝卜80克，葱、姜、蒜、辣椒、面粉、料酒、生抽、白糖、蚝油、鸡精、食用油各适量

做法

1. 将辣椒洗净，切段。
2. 葱、姜、蒜切成碎。
3. 面粉装入盆中，备用。
4. 胡萝卜洗净切丝。
5. 毛蟹用清水冲洗干净，对半切。
6. 去掉毛蟹的心、胃后均匀裹上面粉。
7. 锅内倒油加热后，把裹好面粉的蟹放入锅内煎。
8. 翻炒均匀，待熟后捞出。
9. 锅内留余油，把葱、姜、蒜、辣椒放入爆香，放入毛蟹，翻炒均匀。
10. 加入生抽1大勺、料酒1大勺、白糖半勺、蚝油1勺，翻炒均匀。
11. 倒入开水半没过蟹。
12. 水开后，放入年糕，盖上锅盖，中火烧2分钟。
13. 汤汁浓稠后，把胡萝卜丝放入炒匀。
14. 加入鸡精炒匀，盛盘即可。

年糕汤

分量：2~3 人份

看着小块的年糕慢慢膨胀成小胖子，圆滚滚的，十分可爱！配上暖暖的红豆汤，是冬日不可错过的甜品之一。

原料

红豆300克，白糖60克，片状年糕适量

做法

1. 红豆提前泡水。

2. 不盖盖子开大火煮5分钟。

3. 将红豆滤出来，重新放入锅中把红豆煮至烂熟。

4. 红豆中加入白糖，拌匀。

5. 年糕放入烤网，小火慢烤。

6. 年糕烤至焦黄后取出，放入红豆汤中即可。

炸年糕

外酥里嫩、嚼起来颇有筋道的年糕，脆而不油，柔软细腻。

原料

年糕200克，鸡蛋2个，辣椒面、蒜末、葱花、香菜各少许，盐2克，酱油5毫升，食用油、淀粉各适量

做法

1. 年糕切成等量的小块，放入热水中煮软，捞出。

2. 小碗中放入淀粉，将年糕放入裹匀。

3. 鸡蛋中加入盐，拌匀成蛋液，放入年糕均匀地裹上蛋液。

4. 锅中注油烧至七分热，放入裹上蛋液的年糕。

5. 待炸至金黄色，捞出控油，装入盘中。

6. 酱油中拌入辣椒面、蒜末、葱花与香菜，食用时蘸取即可。

松糯米糕

分量：2~3人份

用黏米粉和糯米粉做的米糕，松松糯糯，甜甜的，是小时候的味道。

原料

黏米粉 50 克，糯米粉 75 克，白糖 30 克，温水 45~50 毫升，抹茶粉、可可粉、食用油各少许

做法

1. 白糖用温水化开，放凉。

2. 一点点加入混合的粉类拌匀，搓成粗粒，用手搓细。

3. 模具底部抹油。

4. 将拌好的糕粉过筛至模具中。

5. 包上保鲜膜，放入锅蒸 40 分钟。

6. 取出后脱模，表面筛一层抹茶粉、可可粉装饰。

莲子糯米糕

质朴的味道，软软糯糯的点心，搭配一壶清茶，适合惬意的一天。

原料

糯米粉150克，莲子15颗，白砂糖60克，牛奶90毫升

做法

1. 把莲子洗净去心，放入烧开的锅中煮熟，再用擀面杖压成泥。

2. 取一碗，放入130克糯米粉、白砂糖、莲子泥，混合均匀。

3. 将牛奶倒入糯米粉中，搅拌至无颗粒的米浆状。

4. 放入烧开的蒸锅中蒸15分钟至熟，取出，拌匀成团状。

5. 将剩余20克糯米粉放入小锅中，小火慢炒至熟。

6. 面团分成等量的小剂子，裹上炒熟的糯米粉，放入模具中，双手按压成型即可。

辣炒年糕

分量：2人份

辣炒年糕是朝鲜族的传统美食，用辣酱将年糕炖煮，年糕吸收了辣酱的味道，更是让人回味无穷。

原料

年糕300克，辣酱50克，食用油适量，白芝麻、葱花各少许

做法

1. 年糕放入温水中浸泡20分钟至软。

2. 锅中注入食用油，烧至五成热。

3. 倒入适量清水，放入年糕，烧开。

4. 年糕中放入辣酱。

5. 炒至汤汁收干，变浓稠。

6. 将炒好的年糕盛入盘中，撒上白芝麻与葱花即可。

花瓣年糕

分量：20个

用缤纷的花做出来的美食，将花烙在饼上有着春天赏花的含义。

原料

糯米粉100克，开水15毫升，食用油4毫升，可食用花10朵，
白糖60克，蜂蜜15克

做法

1. 糯米粉放入盆中，倒入开水。

2. 充分混合均匀制成熟面团。

3. 将面团分成数个小剂子。

4. 将小剂子按压成厚度0.5厘米、直径6厘米的圆饼。

5. 平底锅倒入食用油后烧热，放入圆饼面团煎熟，一面煎熟后，翻面。

6. 翻面后的圆饼贴上可食用花，将煎好的花饼盛入容器中，撒上白糖、蜂蜜即可。

玫瑰桃仁糕

分量：2人份

入口清爽香甜，一瞬间变得灿烂无比，令人惊喜异常。

原料

糯米300克，玫瑰花30克，牛奶200毫升，白糖、核桃仁各适量

做法

1. 将糯米浸泡一晚上备用。
2. 把玫瑰花冲洗干净，切成细丝。
3. 牛奶倒入锅中加热，放入玫瑰花丝与白糖，煮至香味与颜色析出、白糖溶化。
4. 捞出玫瑰细丝，待牛奶冷却后倒入糯米中拌匀。
5. 放入蒸锅中蒸至熟透，再用捣棒把糯米捣碎。
6. 捣好的糯米糕加入核桃仁揉匀，分成等量的小剂子，放入模具中，冷藏2小时即可。

秋饼

分量：2人份

秋饼也叫日式牡丹饼，由唐朝时期传入日本，是一道家喻户晓的美味点心。

原料

糯米粉 150 克，红豆 200 克，牛奶 80 毫升，白砂糖 70 克

做法

1. 红豆洗净后提前浸泡 2 小时，再放入烧开的水中煮开。

2. 将煮好的红豆捞出，第二次加入少量清水继续焖煮。

3. 焖煮好的红豆放入 20 克白砂糖，拌匀后煮至收干水分。

4. 不断搅拌红豆，直至拌煮成红豆沙，放凉备用。

5. 糯米粉装入碗中，加入剩余的 50 克白砂糖。

6. 倒入牛奶，拌匀成光滑无颗粒的米浆。

7. 蒸笼内垫入棉布，并可在底部撒适量白糖，防止粘黏。

8. 将米浆倒入蒸笼中，放入烧开的蒸锅中，小火蒸制 15 分钟。

9. 待熟透后，取出年糕，趁热撕开纱布，用手揉匀。

10. 将凉透后的红豆沙取适量揉圆，在掌心上按扁。

11. 取一小块年糕放入，包紧，收口后将红豆饼揉成型即可。

鸡汤年糕

分量：5 人份

年糕吸收了汤汁，变得软糯，不用与牙齿过多较劲，多的是舌头尝出来的鲜美。

原料

水发香菇 10 克，上海青 15 克，水发干贝 15 克，水发笋干 6 克，年糕 80 克，鸡腿 200 克，姜片、葱段各少许，盐、胡椒粉各 2 克，料酒、黄酒各适量

做法

1. 在泡好的干贝里倒入料酒，提出鲜味。
2. 沸水锅中倒入鸡腿，加入料酒，略煮余去血水，捞出装盘待用。
3. 蒸锅注水烧开，放入干贝。盖上盖，用大火蒸 6 分钟至熟。揭盖，取出蒸好的干贝，倒出碗里的料酒，待用。
4. 砂锅中注入适量清水，倒入黄酒、鸡肉，加入笋干、香菇、干贝、姜片、葱段，拌匀，煮开后转小火煮 1 小时至食材入味。
5. 倒入年糕、上海青，略煮至食材熟透，加入盐、胡椒粉，待关火后盛出煮好的年糕汤，装入碗中即可。

原料

糯米 500 克，糖 50 克，红枣 30 克，果脯 100 克，坚果 50 克，蓝莓果酱、甜杏仁果酱各少许

做法

1. 红枣、果脯切成碎，坚果捣成碎。

2. 糯米蒸熟，加入白糖拌匀。

3. 将 1/3 的糯米均匀地铺在盘子底层，压实。

4. 均匀地刷上薄薄的一层蓝莓果酱。

5. 再铺上 1/3 糯米，压实后抹上薄薄的一层甜杏仁果酱。

6. 将剩余的糯米压薄铺在甜杏仁果酱上，压实，均匀地撒上果脯碎、坚果碎，盖上保鲜膜，放冰箱冷冻 2 小时即可。

百果年糕

分量：4~5 人份

百果年糕是北京春节的汉族传统小吃，符合传统节日食俗。

奶油地瓜大福

软糯的糕皮包裹着奶味十足的地瓜泥，一口软糯满是香甜细滑，是一款老少咸宜的美味点心。

原料

糯米粉200克,糖粉20克,食用油5毫升,奶油地瓜馅80克,
熟米粉少许

做法

1. 糯米粉、糖粉倒入碗中,倒入适量的清水。

2. 用筷子充分搅拌均匀,制成米浆。

3. 分次加入食用油,充分搅拌后放入蒸锅,大火蒸20分钟至熟。

4. 案板上撒上熟米粉,将蒸熟的糯米糕分成等份的剂子。

5. 双手沾水取一份剂子压扁,填入适量的奶油地瓜馅。

6. 将馅料完全包入至不漏馅,再裹上熟米粉即可。

龙凤喜饼

厚禄太师饼

福字饼

Chapter 3

传承滋味，礼庆的糕饼

在中国传统文化里，传统美食占有非常重的分量，而糕饼在传统美食中占有重要的地位。自古糕饼大多是特定的节日或祭祀活动才食用的美食，它不单是美食，还富含了传统的中国文化与人们对美好的向往。

龙凤喜饼：龙凤喜饼又称龙凤饼，是汉族民间婚姻礼仪用品。它是男方收到女方嫁妆后，回赠女方的礼品；也可作为聘礼送女方。

福字饼：在清朝时期，它一直是皇室、王族祭祀、典礼的供奉食品和红白喜事乃至日常生活中不可缺少的礼品及陈列品。

厚禄太师饼：太师饼是云南昆明风味小吃名点之一，配以一杯热茶食用，大有太师风度。太师饼皮酥味香，咸甜皆备，为文人会友的必备佳品。

分量：20个

蛋黄酥

蛋黄酥是常见的汉族特色小吃，跟苏式月饼的做法有很多共通之处。因为其外形小巧金黄，形似鸡蛋黄，所以也有『金蛋酥』之称。

原料

油皮：

中筋面粉 260 克，糖粉 30 克，猪油 110 克，清水 120 毫升

油酥：

低筋面粉 170 克，猪油 80 克

内馅：

黑豆沙 500 克，咸蛋黄 10 个，白芝麻、蛋黄液各适量

做法

1. 油皮的材料都倒入容器内，充分混合均匀，制成油面。
2. 取油酥的食材倒入容器中，混合匀制成面团，分成等份油酥。
3. 将油皮分成数个 30 克的剂子，油酥分成等份 15 克的剂子。
4. 油皮压扁包入油酥，收口朝下地放置后擀成油酥皮。
5. 由下而上卷起，竖着摆放，擀成片，再次卷起，包上保鲜膜静置 10 分钟。
6. 将黑豆沙切成等份的 30 克内馅后逐一揉圆，将黑豆沙中间压扁，嵌入蛋黄。
7. 酥皮擀薄，豆沙内馅包进油酥皮内，用虎口环住饼皮，边捏边旋转。
8. 使饼皮完全包裹住内馅，捏紧收口，整型搓圆。
9. 逐一放入烤盘，表面刷上蛋黄液，装饰上白芝麻。
10. 烤盘放入预热好的烤箱内，上火 180℃、下火 200℃烤 12 分钟即可。

绿豆糕

分量：15~20个

绿豆糕是著名的传统特色糕点之一。绿豆糕按口味有南、北之分，北即为京式，制作时不加任何油脂，入口虽松软，但无油润感，又称『干豆糕』。

原料

无油绿豆沙 1000 克，蔓越莓干 150 克

做法

1. 将绿豆沙在粉网上按压过筛，使其呈现蓬松的细粉状。
2. 用刮板将少量绿豆沙填入模具中，用手指压实。
3. 放入蔓越莓干，再填入绿豆沙。
4. 用刮板轻轻压平，调整造型。
5. 施力将糕饼从模具中压出，放入冰箱冷藏即可。

牛舌饼

分量：25个

牛舌饼是一种有名的北方小吃，因形如牛舌而得名，形状宽厚、口感Ｑ软为牛舌饼的一大特色。可以根据喜好使用不同的内馅，这里用的是豆沙馅，整体味道甜馅松软。

原料

油皮:

中筋面粉 500 克, 糖粉 20 克, 温水 250 毫升, 无盐黄油 145 克

油酥:

低筋面粉 280 克, 无盐黄油 150 克

内馅:

豆沙 250 克

做法

1. 油皮的材料都倒入容器内, 充分混合匀制成油面, 再切成大小一致的剂子。

2. 取油酥的食材倒入容器中, 混合匀制成面团, 分成等份油酥。

3. 取油皮分成数个 30 克的面团, 再将油酥分成等份的 15 克小面团。

4. 油皮擀薄, 将油酥包入油皮中, 收紧封口, 再将其从中间上下擀制, 成长面皮, 再由下而上慢慢卷起, 用擀面杖再从中间的部分上下擀制成面皮。

5. 由下而上卷起, 盖上保鲜膜静置松弛 10 分钟, 将静置好的油酥皮擀成圆面皮。

6. 内馅分成与面团等份的 30 克内馅, 油酥皮内填入馅料。

7. 边捏边旋转将内馅包入油酥皮中, 捏紧收口, 逐一揉成椭圆形。

8. 用手压扁, 擀制成椭圆片状, 收口朝上放入烤盘, 烤盘放入预热好的烤箱内, 上火 180℃、下火 200℃烤 12 分钟即可。

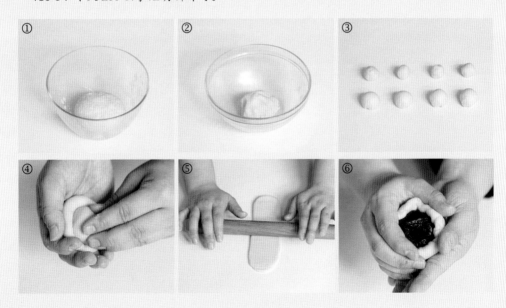

麻酱烧饼

麻酱烧饼是以面粉为饼、芝麻酱为馅制成的一道面食，做法简单易学，是很多80后童年里的美味。

原料

中筋面粉 300 克，酵母 12 克，盐 8 克，花椒粉 10 克，五香粉 3 克，蜂蜜 10 克，熟芝麻 150 克，芝麻酱 110 克

做法

1. 酵母、面粉倒入碗中，加入水混合均匀，揉成面团，静置发酵成两倍大。

2. 芝麻酱里倒入盐、花椒粉、五香粉混合均匀备用。

3. 面团分割 4 个小面团，取其中一个擀成薄饼。

4. 均匀地涂抹上芝麻酱，从一头卷起来，切成一块一块的。

5. 再将两头封口，往下按扁，擀成小圆饼。

6. 蜂蜜和水调和均匀，刷在饼上，再均匀地撒上一层芝麻，放入烤盘。

7. 烤盘放入预热好的烤箱内，以 180℃ 烤 20 分钟即成。

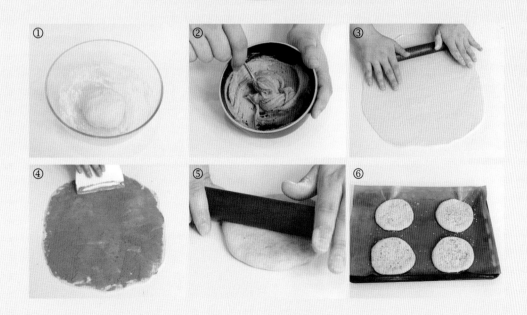

桃酥

分量：20个

桃酥是一种南北皆宜的乐平汉族特色小吃，以其干、酥、脆、甜的特点闻名全国。相传在宋朝，景德镇周边县乐平、贵溪、鹰潭等地的农民纷纷前往做陶工，当时工作繁忙，有一位乐平农民将自家带来的面粉搅拌后直接放在窑炉表面烘焙，由于其常年咳嗽，平日常有食桃仁止咳的习惯，故在烘焙时会加入桃仁碎末，故名桃酥。

原料

低筋面粉200克，白砂糖50克，橄榄油110毫升，全蛋液30克，核桃碎60克，泡打粉4克，小苏打4克，熟黑芝麻适量

做法

1. 将生核桃碎放置在铺了油纸的烤盘上，放入预热180℃的烤箱中层，烤制8~10分钟。

2. 与此同时，将橄榄油、全蛋液25克、白砂糖混合，搅拌均匀。

3. 将低筋面粉、泡打粉、小苏打混合均匀，筛入蛋液混合物内，用橡皮刮刀翻拌均匀。

4. 将烤过的核桃碎倒入面团中，翻拌均匀。

5. 取一小块面团，揉成球按扁，依次做好所有的桃酥。

6. 刷上剩下的蛋液，撒上少许熟黑芝麻。

7. 送入预热180℃的烤箱中层，烤20分钟左右至表面金黄即可。

茯苓糕

分量：10人份

茯苓糕又名『复明糕』，是闽南民间传统手工食品。

原料

茯苓粉 100 克，黏米粉 75 克，糯米粉 50 克，枣泥片 200 克，细砂糖 40 克，清水 100 毫升

做法

1. 将茯苓粉、糯米粉、黏米粉和细砂糖倒入碗中，拌匀。
2. 将一半的糕粉放入模具中，抹平表面。
3. 放入枣泥片，倒入剩下的糕粉，压实后脱模。
4. 装入盘中盖上湿纱布，放入蒸笼。
5. 开锅后，大火蒸 30~40 分钟，熟透，取出凉凉即可。

荷花酥

分量：10人份

荷花酥是杭州著名的汉族小吃。因为其造型似荷花，别有风味。用油酥面制成后经过油炸如绽放的花瓣，观之形美动人，食之别有风味，是宴席上常用的一种花式中点，给人以美的享受。

酥层清晰，食之酥松香甜，而「出淤泥而不染」是人们对荷花高雅洁丽品质的赞誉。

原料

油皮：   内馅：

面粉 350 克，猪油 105 克，   豆沙馅 200 克

清水 100 毫升、绿茶粉、食用油各适量

做法

1. 取 150 克面粉，加入 75 克猪油，拌匀制成油酥。

2. 100 克面粉、15 克猪油倒入碗中，加入 50 毫升清水，制成油面。

3. 100 克面粉、15 克猪油、绿茶粉倒入碗中，加入 50 毫升清水，制成绿面。

4. 将油面和绿面分别搓成条，分切成 30 克大小的小份，油酥分成和面团同样的数量。取
   一个白色面团按扁，将油酥包在里面，收口团成圆形。包好油酥的白面团按扁，擀成椭
   圆形，将椭圆面片从上而下卷起，松弛 10 分钟。

5. 按上面的做法将所有白面团和绿面团均包入油酥，卷成卷饬 20 分钟。将油皮压扁包入
   油酥，擀成椭圆面皮，由下而上卷起，盖上保鲜膜静置松弛 10 分钟，再将油酥团均擀
   成面皮。

6. 所有的面团均擀成面皮，取一张白面皮填入馅料，将馅料包住，将白面放入绿面内，慢
   慢收口，将面团成圆形，用刀在面团表面切出花瓣。

7. 热锅注油烧热，放入荷花酥，用小火将其炸至花瓣展开即可。

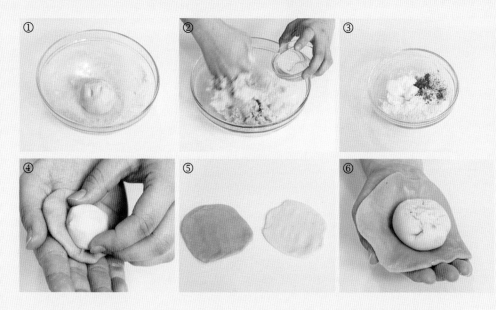

山药糕

分量：20个

山药糕属于中国美味糕点类食品，是一种传统的糕类，味道香甜。而在《红楼梦》的众多美食内也写了一道「枣泥山药糕」，所以在古时候此点心就是人们喜爱的美味。而且山药滋补，还有健脾益肾的功效。

原料

山药200克，糯米粉100克，黏米粉50克，糖粉40克

做法

1. 山药去皮洗净切成小块，放入蒸锅将其蒸熟。

2. 蒸好的山药取出放凉，再用工具将山药捣成泥。

3. 将糯米粉、黏米粉、糖粉倒入山药泥内，充分搅均匀。

4. 模具内铺入保鲜膜，倒入山药糕浆，铺平。

5. 放入烧开的蒸锅，大火蒸20分钟将其蒸熟，取出放凉。

6. 脱模切成小块，装入容器中即可。

鸳鸯喜饼

一款传统的中式喜饼，又称『汉式喜饼』，是传统嫁女儿时使用的，用来分送亲朋好友。不过依各地习俗不同，形式、内馅均有变化。

原料

油皮：

中筋面粉600克，糖粉60克，猪油240克，清水260毫升

油酥：

低筋面粉340克，猪油120克

内馅：

豆沙1000克，麻薯粉700克，白芝麻适量

做法

1. 将油皮的食材倒入碗中，搅拌均匀，揉成面团后搓粗条。

2. 取油酥的食材倒入碗中，搅拌匀制成面团。

3. 油皮切数个58克的小剂子，油酥切等数24克的小面团。

4. 油皮压扁包入油酥，擀成椭圆面皮，由下而上卷起，再擀成面皮后再次卷起，裹保鲜膜静置10分钟。

5. 麻薯粉加水调匀，上火蒸熟后取出放凉。

6. 将豆沙分成40克的内馅，在中间压出凹槽，取30克麻薯填进豆沙内，捏合豆沙揉成圆球状。

7. 将静置好的油酥皮压扁，擀成面皮，中间放入内馅，稍按压后，用虎口环住饼皮边捏边旋转。

8. 使皮包裹内馅，多余的饼皮向内捏合，整型搓圆，再压扁平后刷上清水，裹上白芝麻，芝麻朝下地摆入烤盘。

9. 烤盘放入烤箱内，烤箱上火180℃、下火220℃烤制15分钟，待上色膨胀取出翻面，再续烤12分钟即可。

鲜肉酥饼

分量：20个

江浙沪一带的传统特色小吃，苏式月饼的一种，中秋节节令食品。顾名思义，馅完全是由一大团鲜肉（猪肉）组成的，皮脆而粉，又潜伏着几分韧，丰腴的肉汁慢慢渗透其间，可谓一绝。

原料

油皮：

中筋面粉 600 克，糖粉 60 克，猪油 240 克，清水 260 毫升

油酥：

低筋面粉 340 克，猪油 120 克

内馅：

肉糜 150 克，葱花、生抽各适量

做法

1. 将油皮的食材倒入碗中，搅拌均匀，揉成光滑的面团后搓粗条。

2. 取油酥的食材倒入碗中，搅拌匀制成面团。

3. 油皮分切成数个 30 克的面条，油酥分切成数个 16 克的小面团，油皮压扁完全包入油酥。

4. 擀成椭圆面皮，将卷口向上，擀成片，再次卷起，包上保鲜膜静置 10 分钟。

5. 肉糜、葱花、生抽装入碗中，单向搅拌均匀，将肉馅分成与面团等份的 35 克馅料。

6. 将饼皮压扁放入内馅，稍按压后用虎口环住饼皮，边捏边旋转，将内馅完全包裹，捏紧收口，将多余的饼皮向下压捏合，整型搓成圆球状再压成扁平状，点上装饰，放入烤盘。

7. 烤盘放入预热好的烤箱内，上火 160℃、下火 210℃烤制 15 分钟即可。

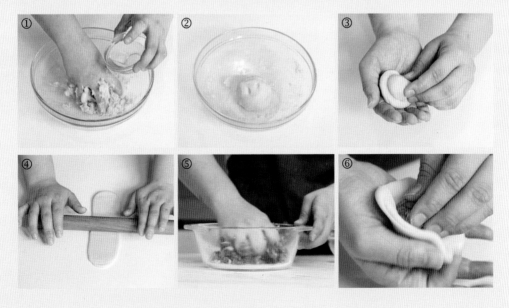

老婆饼

分量：20个

老婆饼是华南地区一种特色传统名点，最早起源于明初时妻子给出征的丈夫制作的食物，而现代广为人知的广式老婆饼起源自广东潮州的点心瓜角饼，外皮烤成诱人的金黄色，里头一层层的油酥薄如棉纸，酥松得不得了，一咬下去碎屑便掉了满地，每一口都尝得到蜜糖般的香甜滋味！

原料

油皮：

中筋面粉 180 克，糖粉 20 克，盐 2 克，清水 80 毫升，猪油 80 克

油酥：

低筋面粉 230 克，猪油 110 克

内馅：

糯米粉 70 克，猪油 58 克，细砂糖 70 克，熟白芝麻、蛋黄液各适量

做法

1. 将油皮的食材倒入碗中，搅拌均匀，揉成光滑的面团后搓粗条，分切数个 58 克的小剂子。

2. 取油酥的食材倒入碗中，搅拌匀制成面团，分切成数个 24 克的小面团。

3. 将油皮压扁包入油酥，擀成椭圆面皮，由下而上卷起，盖上保鲜膜静置松弛 10 分钟。

4. 将卷口向上地擀成片，再次卷起，包上保鲜膜静置 10 分钟。

5. 锅内倒入猪油、细砂糖、糯米粉，快速搅匀至黏稠的馅状，关火后加入熟白芝麻，搅拌均匀。将炒好的馅放凉，放入冰箱冷藏 1 小时至不粘手，平均分成与饼皮等份 30 克的内馅，备用。

6. 将饼皮压成薄片，在中间放入内馅，稍按压后，用虎口环住饼皮，边捏边旋转，使饼皮完全包裹住内馅，捏紧收口，将多余的饼皮向下压捏合，整型搓成圆球状。

7. 再压成扁平状，表面刷上蛋黄液，再割上花纹放入烤盘，放入预热好的烤箱内，上火调 160℃、下火调 210℃，烤制 15 分钟即可。

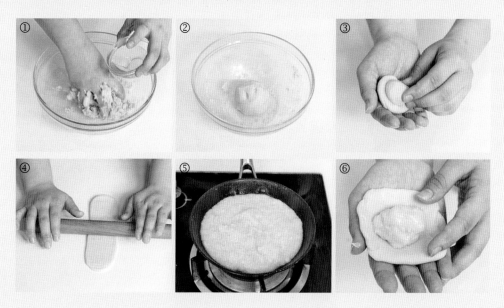

红豆牛奶大饼

分量：10个

虽然名字是牛奶大饼，但这也是喜饼的一种。中式喜饼种类繁多，是古时候男方提亲必备的传统糕点，在广东地区也称为『嫁女饼』。送喜饼是婚礼中重要的一个环节，可以显示对婚礼的重视程度与婚礼规模。

原料

油皮：

中筋面粉 180 克，糖粉 20 克，盐 2 克，清水 80 毫升，猪油 80 克

油酥：

低筋面粉 230 克，猪油 110 克

内馅：

奶油红豆馅 300 克

做法

1. 将油皮的食材倒入碗中，搅拌均匀。
2. 揉成光滑的面团后搓粗条，分切成数个 58 克的小剂子。
3. 取油酥的食材倒入碗中，搅拌匀制成面团，分切成数个 24 克的小面团。
4. 将油皮压扁包入油酥，擀成椭圆面皮。
5. 由下而上地卷起，盖上保鲜膜静置松弛 10 分钟。
6. 将卷口向上地擀成片，再次卷起，包上保鲜膜静置 10 分钟。
7. 将红豆馅分成与面团等份的 20 克小团子。
8. 面团压扁，擀平后放入馅料，稍按压后，用虎口环住饼皮，边捏边旋转，使饼皮完全包裹住内馅。
9. 烤盘放入预热好的烤箱内，上火 160℃、下火 220℃烤 15 分钟，翻面，再烤 10 分钟即可。

原料

中筋面粉 350 克,鸡蛋 2 个,酵母 4 克,植物油 40 毫升,
白糖 60 克,清水适量

做法

1. 鸡蛋、植物油、白糖加入面粉中。

2. 酵母加入温水化开,再倒入面粉内,充分拌匀制成面团。

3. 放入温暖处发酵至两倍大。

4. 把面团分成 8 个大小一样的剂子。

5. 分别排气揉至光滑,再揉圆,用擀面杖擀成小圆饼。

6. 放入烤盘,放在温暖处发酵。

7. 发酵至饼饱满,刷一点油。

8. 烤箱预热 150℃,放入发酵好的饼烤 15 分钟左右。

9. 将喜饼翻面,再续烤 15 分钟即可。

乳山喜饼

分量:8 个

乳山喜饼又称『媳妇饼』,是山东省乳山市特有的传统面食,主要用面粉、糖、鸡蛋等原料烘制而成。成品色微黄、香味扑鼻、口味独特。

月白豆沙饼

分量：15个

此饼相传起源于平西王吴三桂带兵打仗，因粮食匮乏，平西王就命厨子就地取材做饼给士兵吃，而战后的老兵回乡卖起了此饼，因为携带方便、味道不俗，此饼就流传开了。

原料

油皮：

中筋面粉 150 克，糖粉 15 克，猪油 65 克，清水 70 毫升

油酥：

低筋面粉 115 克，无盐黄油 55 克

内馅：

白豆沙馅 400 克

做法

1. 油皮的材料都倒入容器内，充分混合匀制成油面，再切成大小一致的剂子。

2. 取油酥的食材倒入容器中，混合匀制成面团。

3. 取油皮分成数个 20 克的面团，再将油酥分成等份 13 克的小面团，油皮压扁完全包入油酥。

4. 擀成椭圆面皮，卷口向上地擀成片，再次卷起，包上保鲜膜静置 10 分钟。

5. 将饼皮压成薄片，在中间放入内馅，稍按压后，用虎口环住饼皮，边捏边旋转，使饼皮完全包裹住内馅。

6. 捏紧收口，将多余的饼皮向下压捏合，整型后在用手掌压成饼状，逐一在中间压出凹馅造型，凹馅朝下地放入烤盘，再将烤盘放入预热好的烤箱内。

7. 上火 160℃、下火 220℃烤 15 分钟，翻面，再烤 10 分钟即可。

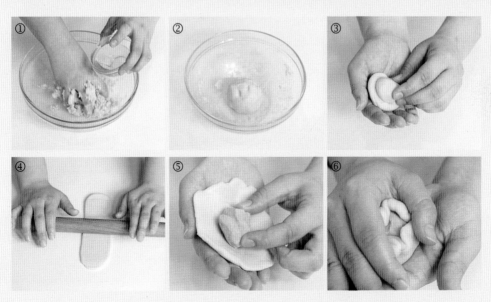

水晶饼

分量：5个

水晶饼是陕西流传下来的汉族名点。相传，它是宋代当地民众为赞美寇准而制作的糕点。水晶饼金面银帮，起皮飞酥，口感油多而不腻；糖重而渗甜，具有浓郁的花朵芳香。

原料

油皮：

中筋面粉150克，糖粉15克，猪油65克，清水70毫升

油酥：

低筋面粉115克，无盐黄油55克

内馅：

淀粉300克，糖粉50克，干桂花适量

做法

1. 将油皮的材料倒入容器内，充分混合匀制成油面，再切成数个40克的面团。

2. 取油酥的食材倒入容器中，混合匀制成面团，分成等份的20克的油酥。

3. 油皮压扁，完全包入油酥，擀成椭圆面皮。

4. 将卷口向上地擀成片，再次卷起，包上保鲜膜静置10分钟。

5. 内馅的材料倒入碗中，缓缓倒入开水，充分拌匀。

6. 拌好的馅料分切成数个50克的内馅，揉圆待用。

7. 将饼皮压成薄片，在中间放入内馅。

8. 稍按压后，用虎口环住饼皮，边捏边旋转，使饼皮完全包裹住内馅。

9. 捏紧收口，将多余的饼皮向下压捏合，整型后用手掌压成饼状。

10. 将饼摆在烤盘上，放入预热好的烤箱内。

11. 上火160℃、下火220℃烤15分钟，翻面，再烤10分钟即可。

寿桃饼

分量： 10个

寿桃饼是著名的京式糕点之一，寓意『长寿绵延』。相传，这是从清宫里传出来的著名糕点，原本是皇室王族在重大节日典礼中要摆上餐桌的点心，也是他们之间互相馈赠的必不可少的礼品，不但用料考究，还蕴含着儒雅的文化色彩。

 原料

饼皮：

低筋面粉200克，鸡蛋1个，糖粉80克，奶粉20克，麦芽糖50克，泡打粉2克，奶油60克，盐少许，蛋液少许

内馅：

五仁馅适量

做法

1. 将麦芽糖、糖粉、盐、奶油装入容器中，打发至松软。
2. 分次加入鸡蛋，搅拌均匀，再加入奶粉拌匀。
3. 过筛加入低筋面粉、泡打粉，混合均匀制成面团。
4. 面团包上保鲜膜，冷藏松弛1小时。
5. 松弛好的面团取出，搓成长条，切成大小均匀的剂子。
6. 将饼皮压成薄片，在中间放入内馅，稍按压后，用虎口环住饼皮，边捏边旋转，使饼皮完全包裹住内馅。
7. 捏紧收口，整型搓成圆球状。
8. 在面团上拍上面粉，放入模具中，用掌心中间的力量按压面团，将其完全填入。
9. 左右两侧施力，使其成型，并列摆入烤盘。
10. 放入烤箱，以上火210℃、下火190℃烤8分钟，表面干燥后取出，均匀地刷上蛋液，再续烤10分钟即可。

苏式椒盐饼

分量：20个

苏式椒盐饼是中国汉族中秋节的传统食品，因源于苏州而得名，备受华中地区人们的喜爱。苏式椒盐饼讲究的是酥松的口感、香酥松软多层的外皮，并不甜腻的内馅，而表面则会盖上象征吉祥喜庆的红色印记。

原料

油皮：

中筋面粉 600 克，糖粉 60 克，猪油 240 克，清水 260 毫升，蛋白液少许

油酥：

低筋面粉 340 克，猪油 120 克

内馅：

芝麻粉 150 克，糖粉 95 克，瓜子仁 20 克，椒盐粉 3 克，猪油 110 克

做法

1. 将油皮的食材倒入碗中，搅拌均匀，揉成光滑的面团后搓粗条。

2. 取油酥的食材倒入碗中，搅拌匀制成面团。

3. 将油皮分切成数个 30 克的面条，油酥分切成数个 16 克的小面团，油皮压扁完全包入油酥。

4. 擀成椭圆面皮，将卷口向上地擀成片，再次卷起，包上保鲜膜静置 10 分钟。

5. 内馅材料倒入碗中，充分混合匀，分成等份的 50 克小剂子，逐一揉圆备用。

6. 油酥皮擀成饼皮，用虎口环住饼皮，放入内馅后边捏边旋转，使饼皮完全包裹住内馅，捏紧收口，将多余的饼皮向下压捏合，整型后将其擀成饼状，在表面刷上蛋白液，均匀地撒上芝麻，芝麻面朝下地摆入烤盘。

7. 放入预热好的烤箱内，上火 160℃、下火 210℃，烤制 15 分钟。

8. 取出翻面，再放入烤箱内续烤 15 分钟即可。

龙凤喜饼

分量：5个

龙凤喜饼又『称龙凤饼』，是汉族民间婚姻礼仪用品。其是男方收到女方嫁妆后，回赠女方的礼品；也可作为聘礼送给女方。此饼用面粉制成，表面上塑龙凤图案，并做精美装饰，赠送时要成对，有着『团圆』和『龙凤呈祥』的美好祝福之意。

原料

饼皮：

低筋面粉200克，糖粉80克，奶粉20克，麦芽糖50克，泡打粉2克，奶油60克，盐少许，鸡蛋液适量

内馅：

黑豆沙2500克

做法

1. 将麦芽糖、糖粉、盐、奶油装入容器中，打发至松软。
2. 分次加入鸡蛋液，搅拌均匀，再加入奶粉拌匀。
3. 过筛加入低筋面粉、泡打粉，混合均匀制成面团。
4. 面团包上保鲜膜，冷藏松弛1小时。
5. 将松弛好的面团取出，搓成长条，切成数个100克的剂子，待用。
6. 黑豆沙分切成等份的200克内馅。
7. 饼皮压扁，将内馅放在中间，收口朝下地慢慢收紧塑形。
8. 将内馅按压于饼皮中，并慢慢均匀地往上推，捏紧收口。
9. 将多余的面皮压入面团中，整成圆形。
10. 将面团均匀地裹上面粉，填入模具中压实。
11. 左右施力轻轻将饼脱模，放入烤盘。
12. 放入烤箱，上火210℃、下火200℃烤18分钟定型。
13. 取出后均匀地刷上鸡蛋液，再烤12分钟即可。

枣花酥

枣花酥虽然是『京八件』之一，但其起源于苏式点心，外形精致，口感香酥且富有层次感，虽然被做了改变而成为了北方点心，但是味道上还保留了南方点心的特色。

原料

油皮：

中筋面粉180克，糖粉20克，盐2克，清水80毫升，猪油80克

油酥：

低筋面粉230克，猪油110克

内馅：

枣泥馅300克，蛋黄、黑芝麻各少许

做法

1. 将油皮的食材搅拌均匀，揉成光滑的面团后搓粗条，分切数个58克的小剂子。

2. 油酥食材倒入碗中揉成面团，再分切成数个24克的小面团。

3. 将油皮压扁包入油酥，擀成椭圆面皮，由下而上卷起，盖上保鲜膜静置松弛10分钟，卷口向上地擀成片，再次卷起，包上保鲜膜静置10分钟，将饼皮压成薄片。

4. 中间放入枣泥馅，用虎口环住饼皮，边捏边旋转，使饼皮完全包裹住枣泥馅，将多余的饼皮向下压捏合。

5. 面团收口朝下放在案板上，用擀面杖擀开成圆饼，用剪刀在圆饼上剪出12片"花瓣"。

6. 将每一片"花瓣"扭转，成为"绽放"的模样，用指尖蘸少许蛋黄涂在枣花酥的中心，再撒上黑芝麻作为装饰。

7. 放入预热好200℃的烤箱，烤15分钟左右，至酥皮层次完全展开即可。

状元饼

分量：20个

状元饼又名「花饼」「酥饼」，是一种流传民间数百年、独具地方风味的湖北省天门市汉族传统名点。传说其由乾隆御题「状元饼」，人们每逢过年过节均如法炮制，把自己精心加工的状元饼当成最具敬意的美食佳品，互送拜年或孝敬老人。

原料

油皮：

中筋面粉150克，糖粉15克，猪油65克，清水70毫升

油酥：

低筋面粉115克，无盐黄油55克

内馅：

黑芝麻40克，猪油50克，白芝麻30克

做法

1. 将油皮的食材倒入碗中，搅拌均匀。

2. 揉成光滑的面团后搓粗条，分切成数个58克的小剂子。

3. 取油酥的食材倒入碗中，搅拌匀制成面团，分切成数个24克的小面团。

4. 将油皮压扁包入油酥，擀成椭圆面皮，由下而上地卷起，盖上保鲜膜静置松弛10分钟，将卷口向上地擀成片，再次卷起，包上保鲜膜静置10分钟。

5. 内馅的全部食材倒入碗中，充分混合匀，再分成数个20克大小的馅料。

6. 将饼皮压成薄片，在中间放入内馅，用虎口环住饼皮，边捏边旋转，使饼皮完全包裹住内馅，捏紧收口，将多余的饼皮向下压捏合，整型后用手掌压成饼状。

7. 放入预热好的烤箱内，上火160℃、下火220℃烤15分钟，翻面，再烤10分钟即可。

福字饼

分量：个

福字饼是『京八件』中的传统食品之一。相传，在清代，它一直是皇室王族祭祀、典礼的供奉食品和红白喜事乃至日常生活中不可缺少的礼品及陈列品。

原料

饼皮：

低筋面粉200克，鸡蛋1个，糖粉80克，奶粉20克，麦芽糖50克，泡打粉2克，奶油60克，盐少许，蛋液少许

内馅：

蔓越莓坚果馅适量

做法

1. 将麦芽糖、糖粉、盐、奶油装入容器中，打发至松软。

2. 分次加入鸡蛋，搅拌均匀，再加入奶粉拌匀。

3. 过筛加入低筋面粉、泡打粉，混合匀制成面团。

4. 面团包上保鲜膜，冷藏松弛1小时。

5. 将松弛好的面团取出，搓成长条，切成大小均匀的剂子。

6. 将饼皮压成薄片，在中间放入内馅，稍按压后，用虎口环住饼皮，边捏边旋转，使饼皮完全包裹住内馅。

7. 捏紧收口，整型搓成圆球状，再裹上面粉，放入模具中。

8. 用掌心中间的力量按压面团，将其完全填入。

9. 倒扣模具，将成型的饼扣出，并列摆入烤盘。

10. 放入烤箱，以上火210℃、下火190℃的烤8分钟。

11. 表面干燥后取出，均匀地刷上蛋液，再续烤10分钟即可。

厚禄太师饼

分量：20个

太师饼是云南昆明风味小吃名点之一，配以一杯热茶食用，大有太师风范。太师饼饼皮酥味香，咸甜皆备，为文人会友的必置佳品。据老糕点师傅说，这种饼是商朝纣王的太师闻仲发明的。

原料

饼皮：

低筋面粉200克，鸡蛋1个，糖粉80克，奶粉20克，麦芽糖50克，泡打粉2克，奶油60克，盐少许，蛋液少许

内馅：

白豆沙馅适量

做法

1. 将麦芽糖、糖粉、盐、奶油装入容器中，打发至松软。

2. 分次加入鸡蛋，搅拌均匀，再加入奶粉拌匀。

3. 过筛加入低筋面粉、泡打粉，混合均匀制成面团。

4. 面团包上保鲜膜，冷藏松弛1小时。

5. 松弛好的面团取出，搓成长条，切成大小均匀的剂子。

6. 将饼皮压成薄片，在中间放入内馅，稍按压后，用虎口环住饼皮，边捏边旋转，使饼皮完全包裹住内馅。

7. 捏紧收口，整型搓成圆球状。

8. 在面团上裹上面粉，放入模具中，用掌心中间的力量按压面团，将其完全填入。

9. 倒扣模具，将成型的月饼扣出，并列摆入烤盘。

10. 放入烤箱，以上火210℃、下火190℃烤8分钟，表面干燥后取出，均匀地刷上蛋液，再续烤10分钟即可。

财富银锭饼

分量： 20 个

财富银锭饼，顾名思义象征着财富，是「京八件」中传统的「大八件」之一。其形似银锭，糖酥馅，色乳白，口感绵软，有桂花香味。

原料

饼皮：

低筋面粉 200 克，鸡蛋 1 个，糖粉 80 克，奶粉 20 克，麦芽糖 50 克，泡打粉 2 克，奶油 60 克，盐少许，蛋液少许

内馅：

豆沙馅适量

做法

1. 将麦芽糖、糖粉、盐、奶油装入容器中，打发至松软。

2. 分次加入鸡蛋，搅拌均匀，再加入奶粉拌匀。

3. 过筛加入低筋面粉、泡打粉，混合均匀制成面团。

4. 面团包上保鲜膜，冷藏松弛 1 小时。

5. 松弛好的面团取出，搓成长条，切成大小均匀的剂子。

6. 将饼皮压成薄片，在中间放入内馅，稍按压后，用虎口环住饼皮，边捏边旋转，使饼皮完全包裹住内馅。

7. 捏紧收口，整型搓成圆球状。

8. 在面团上裹上面粉，放入模具中用掌心中间的力量按压面团，将其完全填入。

9. 倒扣模具，将成型的月饼扣出，并列摆入烤盘。

10. 放入烤箱以上火 210℃，下火 190℃烤 8 分钟，表面干燥后取出，均匀地刷上蛋液，再续烤 10 分钟即可。

分量：15个

太阳饼

此饼改良自汉饼中的酥饼，将里面的内馅做了改变。太阳饼的美味源于层层分明的酥皮，虽然做工复杂，需要反复擀制，但是味道甜美，让人回味悠长。

原料

油皮：

高筋面粉 400 克，低筋面粉 300 克，糖粉 80 克，清水 250 毫升，黄油 250 克，蛋液适量

油酥：

低筋面粉 60 克，黄油 40 克，麦芽糖 20 克，糖粉 20 克，牛奶 30 毫升，奶粉 20 克

内馅：

低筋面粉 120 克，奶粉 20 克，麦芽糖 20 克，糖粉 30 克，黄油 20 克，牛奶适量

做法

1. 将油皮（除蛋液）的食材倒入碗中搅拌均匀，揉成光滑的面团后搓粗条，分切成数个 30 克的小剂子。

2. 取油酥的食材倒入碗中，搅拌匀制成面团，分切成数个 15 克的小面团。

3. 将油皮压扁包入油酥，擀成椭圆面皮，由下而上地卷起，盖上保鲜膜静置松弛 10 分钟，将卷口向上地擀成片，再次卷起，包上保鲜膜静置 10 分钟。

4. 低筋面粉、奶粉过筛入碗中，加入麦芽糖、糖粉抓匀，再放入黄油、牛奶，拌成团，将内馅分切成数个 25 克的小份。

5. 将饼皮压成薄片，在中间放入内馅，稍按压后，用虎口环住饼皮，边捏边旋转，使饼皮完全包裹住内馅，捏紧收口，将多余的饼皮向下压捏合。

6. 生饼放入烤盘内，表面刷上蛋液，放入预热好的烤箱内，调上火 200℃、下火 180℃烤 15 分钟，待表面上色后温度降为上火 170℃、下火 180℃再续烤 10 分钟。

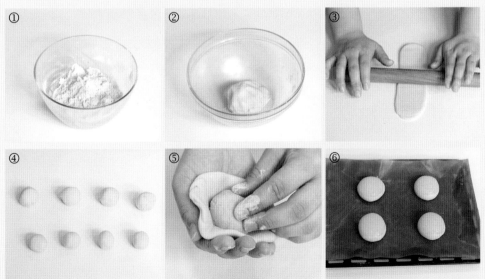

鸳鸯酥

鸳鸯酥是一种传统面点，形似鸳鸯，皮酥脆，层次分明，馅甜香，双色双味。馅心不能包得过多，交头的绳边要锁紧，否则易散。

原料

油皮：

中筋面粉250克，糖粉40克，猪油100克，清水100毫升

油酥：

低筋面粉175克，猪油85克，橘色食用色素适量

内馅：

咸蛋黄20个，熟年糕40克

做法

1. 油皮的食材倒入碗中，混匀揉成光滑的面团后搓粗条，分切数个40克的小剂子。

2. 油酥的全部食材搅拌至无颗粒状，将油酥揉成粗条，分切成等份的20克小剂子。

3. 将油皮压扁包入油酥，擀成椭圆面皮，由下而上地卷起，盖上保鲜膜静置松弛10分钟，将卷口向上地擀成片，再次卷起，包上保鲜膜静置10分钟。

4. 取等份熟年糕包住咸蛋黄，再搓圆制成馅料。

5. 将油酥皮对切开，将有螺旋层次的一面朝上，用手压扁，再擀成有螺旋纹的面片。

6. 面片内放入内馅，用虎口环住饼皮边捏边旋转，使内馅完全被包裹，来回搓面团边缘，调整后放入烤盘。

7. 放入预热好的烤箱内，上火180℃、下火170℃烤15分钟即成。

绿茶相思酥

层次分明的酥皮，加上诱人的色泽，淡淡的抹茶清香，有一点点甜，做茶点再好不过了。诱人的红豆馅，更是美味异常。

原料

油皮：

中筋面粉250克，糖粉40克，猪油100克，清水100毫升

油酥：

低筋面粉175克，猪油85克，抹茶粉8克

内馅：

抹茶红豆馅800克

做法

1. 将油皮的食材倒入碗中，搅拌均匀。

2. 揉成光滑的面团后搓粗条，分切数个40克的小剂子。

3. 低筋面粉、猪油倒入碗中，搅拌至无颗粒状，加入抹茶粉，混合匀制成面团，分切成数个20克小面团。

4. 将油皮压扁包入油酥，擀成椭圆面皮。

5. 由下而上地卷起，盖上保鲜膜静置松弛片刻，将卷口向上地擀成片，再次卷起，包保鲜膜静置10分钟。

6. 备好的内馅分切成等份的35克，再搓圆。

7. 将油酥皮对切开，将有螺旋层次的一面朝上。

8. 压扁后再擀成有螺旋纹的面片，在中间放入内馅，用虎口环住饼皮边捏边旋转，使内馅完全包裹住，捏紧收口，来回搓面团边缘调整，成型后放入烤盘。

9. 烤盘放入预热好的烤箱内，上火180℃、下火170℃烤15分钟即成。

3Q 酥饼

澄黄香酥的外皮，包裹着绵软的豆沙、Q弹的年糕，一口咬下去层层的酥皮里暗藏乾坤。香的蛋黄，以及咸

原料

油皮：

高筋面粉180克，低筋面粉120克，糖粉40克，清水250毫升，无盐黄油100克

油酥：

低筋面粉200克，无盐黄油80克

内馅：

黑豆沙200克，咸蛋黄10个，白年糕100克，芝麻少许

做法

1. 将油皮的食材倒入碗中，搅拌均匀。
2. 揉成光滑的面团后搓粗条，分切数个30克的小剂子。
3. 将油酥的食材倒入碗中，制成面团，分切成数个15克的小面团。
4. 将油皮压扁包入油酥，擀成椭圆面皮。
5. 由下而上地卷起，盖上保鲜膜静置松弛10分钟。
6. 将卷口向上地擀成片，再次卷起，包上保鲜膜静置10分钟。
7. 将黑豆沙分成等份的25克，咸蛋黄对切。
8. 手上沾水，将年糕分成与黑豆沙等份的10克小团。
9. 黑豆沙揉圆，压扁填入年糕、咸蛋黄，再捏紧收口包成球状。
10. 将油酥压扁擀成面皮，放入内馅，在四周捏边旋转，将内馅包入饼皮中，捏紧收口，搓成圆球，再用手掌稍按压扁，一面刷上清水，均匀地撒上芝麻，摆入烤盘。
11. 放入预热好的烤箱内，上火200℃、下火180℃烤10分钟，取出翻面，再续烤15分钟即可。

桂花糕

分量：20 个

桂花糕已有 300 多年的历史，是用糯米粉、糖和蜜桂花为主要原料制作而成的美味糕点，是中国特色传统小吃。其历史非常悠久，在多本古代文学作品中也都出现过，因为它美味爽口，做法简单，能满足人们对于味道的各种需求，也因传承上的创新与地域的不同而出现了各具特色的美味糕点。

原料

糯米粉 280 克，澄粉 80 克，白糖 100 克，温水 360 毫升，玉米油 70 毫升，桂花干 20 克，桂花酱 2 大匙

做法

1. 白糖中加入温水，拌匀至无颗粒状的糖水。
2. 糯米粉、澄粉混合均匀，加入糖水、玉米油和桂花干，搅拌成米浆。
3. 模具中涂抹玉米油。
4. 把米浆倒入模具中，封上保鲜膜。
5. 放入烧开的蒸锅中，隔水蒸 40 分钟。
6. 取出后放至冷却，脱模切块后加入桂花酱即可。

苏式红豆酥饼

苏式红豆酥饼的制作技艺实际上是古代人民的集体智慧结晶，源于唐朝，盛于宋朝。现在这款月饼的制作区域为江浙沪三地，传统的正宗技艺还是保留在苏州。

原料

油皮：

中筋面粉180克，糖粉20克，盐2克，清水80毫升，猪油80克

油酥：

低筋面粉230克，猪油110克

内馅：

红豆沙馅900克，芝麻少许

做法

1. 将油皮的食材倒入碗中，搅拌均匀，揉成光滑的面团后搓粗条。

2. 取油酥的食材倒入碗中，搅拌匀制成面团。

3. 将油皮分切成数个30克的面条，油酥分切成数个16克的小面团。

4. 油皮压扁完全包入油酥，擀成椭圆面皮。

5. 将卷口向上地擀成片，再次卷起，包上保鲜膜静置10分钟。

6. 将饼皮压成薄片，在中间放入红豆沙馅，边捏边旋转，使饼皮完全包裹住内馅，用虎口捏紧收口，将多余的饼皮向下压捏合，整型后再压成扁平状，表皮撒上白芝麻。

7. 芝麻面朝下放入烤盘，再放入预热好的烤箱内。

8. 上火160℃、下火210℃烤15分钟，取出翻面，再放入烤箱内续烤15分钟即可。

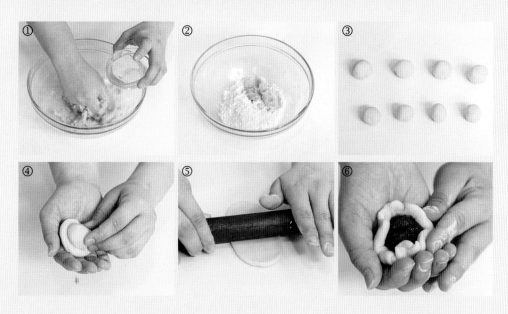

海苔酥饼

分量：20个

海苔酥是在桃酥的基础上创新的老点心新做法，香酥的基础上带着海苔的咸香。

原料

低筋面粉200克，白砂糖50克，橄榄油110毫升，全蛋液30克，泡打粉4克，小苏打4克，海苔碎适量

做法

1. 将橄榄油、全蛋液、白砂糖混合，搅拌均匀。
2. 将低筋面粉、泡打粉、小苏打混合均匀，筛入液体内，倒入海苔碎，用刮刀翻拌均匀。
3. 取一小块面团，揉成球按扁，再包上海苔装饰，放入烤盘。
4. 送入预热180℃的烤箱中层，烤20分钟左右至表面金黄即可。

芝麻冬瓜酥饼

分量：10份

咸香美味的芝麻冬瓜酥，外皮是传统多层的酥皮，包裹着冬瓜鲜肉混合的内馅。外皮酥软香脆，内馅丰富且甜中带咸，滋味独特，香味浓郁，加上传统的食材冬瓜糖与果仁，一口咬下去充盈在口中的是满满的童年的味道。

原料

油皮：

中筋面粉 250 克，糖粉 25 克，猪油 100 克，清水 110 毫升，蛋黄液少许

油酥：

低筋面粉 150 克，猪油 70 克

内馅：

猪肥肉 300 克，冬瓜糖 300 克，麦芽糖 50 克，白芝麻 50 克，熟面粉 250 克，糖粉 150 克，奶油 75 克，奶粉 45 克，盐 3 克，清水 75 毫升

做法

1. 油皮的材料都倒入容器内，充分混合匀制成油面，再切成大小一致的剂子。

2. 取油酥的食材倒入容器中，混合匀制成面团，分成等份的油酥。

3. 将油皮压扁，完全包入油酥，擀至成椭圆面皮，由下而上地卷起，盖上保鲜膜静置松弛 10 分钟。

4. 将卷口向上地擀成片，再次卷起，包上保鲜膜静置 10 分钟。

5. 将内馅的全部材料倒入碗中，充分混合匀，再分成等份的 40 克的内馅，揉成圆球。

6. 将饼皮压扁，在中间放入内馅，稍按压后，用虎口环住饼皮。

7. 边捏边旋转，使饼皮完全包裹住内馅，捏紧收口，将多余的饼皮向下压捏合。

8. 整型搓成圆球状，再压成扁平状，表面刷上蛋黄液，放入烤盘。

9. 烤盘放入预热的烤箱内，以上火 160℃、下火 220℃烤 15 分钟，取出翻面，再烤 15 分钟即可。

葱香蘸汁

荞麦素面

Chapter 4

一碗装载吃文化的面条

面条起源于中国，已有四千多年的制作食用历史。"北方面条，南方米饭"这句话概括了古代中国的地方主食的特色。面条的制作简单、食用方便、营养丰富，是既可做主食又可做快餐的健康食品。面条因制作方式不同而种类多样，其中以方便面、挂面等最受欢迎。

咸阳合菜面

虽然来自小城市，却一点儿也不廉价。虽然名不见经传，却口碑相传。多种味道掺杂，好比精彩的五味人生，所以，值得一试。

原料

挂面230克，豆腐50克，瘦肉55克，木耳45克，榨菜25克，葱花、蒜末各少许，盐3克，料酒2毫升，食用油少许

做法

1. 豆腐洗净，切成条；瘦肉洗净，切成丝；榨菜洗净，切成丝。

2. 瘦肉丝装入碗中，加入1克盐、料酒，腌渍至入味。

3. 净锅上火加热，滴几滴食用油，放入备好的面条，翻炒至面条呈金黄色，盛出炒好的面条，放入盘中，待用。

4. 另起锅注入适量清水，大火烧开，放入木耳焯水至变软，捞出，沥干水分，再切成丝。

5. 锅中注入适量清水烧开，放入炒好的面条，煮至再次沸腾。

6. 倒入豆腐条、木耳丝、榨菜丝，加入腌渍好的瘦肉丝，续煮一会儿至食材熟软。

7. 加入2克盐煮至入味，撒上蒜末煮一会儿，盛出，点缀上葱花即可。

金针菇面

金针菇可谓是大多数人最喜好的菇类之一，鲜美可口又有嚼头，用它来煮面，那是相得益彰。

原料

金针菇 40 克，上海青 70 克，虾仁 50 克，挂面 100 克，葱花少许，盐 2 克，鸡汁、生抽、食用油各适量

做法

1. 金针菇洗净切去根部，切段。

2. 上海青洗净切段后再切成粒。

3. 虾仁在背上轻划一刀，然后将虾线取出，切粒。

4. 汤锅注水烧开，放入适量鸡汁、盐、生抽，拌匀。

5. 放入面条、食用油，用中火煮约 2 分钟至面条熟透。

6. 放入金针菇、虾仁、上海青拌匀煮沸，撒入少许葱花，搅拌匀，盛出即可。

小米糊涂面

分量：1~2人份

色泽亮丽，缤纷多彩，均衡补充多种营养素，成功俘获小儿的心。谁说小儿难养！

原料

细面条 120 克，香菇 50 克，小米 40 克，水发黄豆 70 克，去皮胡萝卜 50 克，芹菜叶 20 克，花椒 10 克，葱花 20 克，盐、鸡粉各 1 克，食用油适量

做法

1. 胡萝卜洗净切片，再改切成丝；香菇洗净，切成条。
2. 砂锅注水，放入泡好的黄豆、小米，搅匀，大火煮开。
3. 转小火，加盖，续煮 20 分钟至熟透，揭盖，放入细面条。
4. 放入切好的胡萝卜、香菇，稍煮 1 分钟至熟软，放入芹菜叶，搅匀。
5. 加入盐、鸡粉，搅匀调味，盛出装碗。
6. 锅中注油烧热，爆香花椒、葱花，浇在面条上即可。

徽式炒面

色泽翠黄、金丝缕缕、鲜香扑鼻、柔软润滑、香而不腻的面条，传统经典的气息。

原料

香菇60克，熟挂面200克，瘦肉100克，黄瓜50克，生抽5毫升，盐2克，鸡粉2克，食用油适量

做法

1. 洗净的香菇去柄，切成片，待用。

2. 洗净的黄瓜去籽切片，再切丝。

3. 瘦肉洗净后，切成丝，放入碗中，加少许盐、鸡粉和食用油腌渍。

4. 热锅注油，倒入香菇炒软。

5. 加入肉丝，炒匀后倒入黄瓜翻炒片刻。

6. 倒入煮熟的挂面，翻炒片刻。

7. 加入生抽、盐、鸡粉，翻炒调味。

8. 关火，将炒好的面盛出装入盘中即可。

喜面

分量：1~2人份

对于夫妻而言，面条象征着恩爱缠绵；对于长辈而言，细长的面条象征健康长寿。面条口感滑顺，再浇上清亮鲜爽的酱汤，让人回味无穷。

原料

小南瓜150克，鸡蛋60克，辣椒丝3克，面条300克，牛肉200克，葱、蒜头各20克，盐7克，清酱18克，食用油适量

做法

1. 牛肉用棉布擦干血水，葱、蒜头分别清理后洗净。

2. 在锅里放入牛肉与水，用大火煮10分钟左右，煮到沸腾时，转中火再煮40分钟左右，放入葱、蒜头续煮20分钟左右。

3. 将牛肉捞出，切块；肉汤用棉布过滤；小南瓜洗净削皮后切丝，放3克盐腌10分钟左右，用棉布擦干水分。

4. 鸡蛋分成蛋清、蛋黄，分别打散煎成蛋皮后切丝；辣椒丝切段。

5. 平底锅加热放入食用油，加入小南瓜，用中火炒30秒左右至呈绿色，盛出。

6. 在锅里倒入肉汤，大火煮至沸腾，放清酱与4克盐，熬成酱汤。

7. 锅中注入清水，煮到沸腾，放入面条煮3分钟，捞出，用水冲洗后，用筛子沥去水分，装到碗里，倒入肉汤，撒上牛肉、小南瓜、黄白蛋丝、辣椒丝即可。

分量：1～2人份

油葱面

有虾米有葱丝的一碗面，在下班回到家的日子里，在吃遍大餐的日子里，做给爱的人吃。

原料

挂面 260 克，小白菜 35 克，虾米 30 克，葱段 20 克，盐 3 克，
黄酒、生抽、白糖、食用油各适量

做法

1. 热锅注油烧热，倒入虾米、葱段、洗净的小白菜，翻炒出香味。

2. 倒入适量的清水，大火煮开，放入面条。

3. 转中火煮开，搅拌片刻。

4. 放入备好的盐、黄酒、生抽、白糖。

5. 略煮至入味。

6. 将煮好的面条盛出装入碗中即可。

葱白姜汤面

分量：1~2人份

不需要华丽的食材，也不需要精到的厨艺，最简单的面条送给最不喜欢麻烦的你！需要的就是一颗淳朴的心。

原料

挂面180克，姜、葱各少许，盐、鸡粉各2克，食用油适量

做法

1. 把姜洗净，去皮后切成丝。
2. 把葱洗净，切成丝。
3. 用油起锅，倒入姜丝、葱丝，爆香。
4. 注入适量清水，用大火煮沸。
5. 倒入面条，拌匀，煮至熟软。
6. 加入盐、鸡粉。
7. 用筷子轻轻搅拌面条，加盖煮至入味。
8. 关火后盛出煮好的面条即可。

原料

挂面 170 克，墨鱼肉 75 克，黄瓜 45 克，胡萝卜 50 克，红椒 10 克，蒜末少许，柴鱼片汤 450 毫升，沙茶酱 12 克，生抽 5 毫升，水淀粉、食用油各适量

做法

1. 墨鱼肉切花刀，再切小块；胡萝卜、黄瓜切薄片；红椒切圈。

2. 墨鱼放入沸水锅中氽去腥味，捞出沥干。

3. 锅中注水烧开，倒入挂面用中火煮约 3 分钟至熟透，捞出沥干。

4. 用油起锅，放入蒜末，爆香，倒入墨鱼块，放入沙茶酱，炒匀，倒入柴鱼片汤，倒入胡萝卜片、红椒圈拌匀，煮至沸，撇去浮沫，用水淀粉勾芡，加入生抽调味，制成汤料，待用。

5. 煮熟的面条装入碗中，盛入锅中的汤料，放入黄瓜片即成。

分量：1~2 人份

沙茶墨鱼面

生活里不仅有工作，还有远方。尝尝远方的美食。

偶尔出去走走，看看远方的山山水水，

119

翡翠凉面

炎热的夏日，来一碗色彩缤纷的凉面，病快快的食欲都会被勾起来的。

原料

挂面250克，火腿、黄瓜、虾米、鸡肉、榨菜各50克，姜、蒜各适量，盐、芝麻油、食用油、酱油各适量

做法

1. 锅内注水烧开，放入挂面煮熟，捞出沥干水分。

2. 面条加盐、芝麻油、酱油、食用油拌匀。

3. 鸡肉煮熟切末。

4. 虾米用温水浸泡，切碎；榨菜切末；火腿、黄瓜切丝。

5. 将姜切末；将蒜去皮洗净，切泥。

6. 将处理好的原料搅匀盛碟，和面条拌匀食用即可。

鱼丸挂面

分量：一人份

吃鱼要吐刺，对于急性子的人来说是一种折磨，于是鱼丸自告奋勇，加入面条军队里，开始拯救计划。

原料

挂面100克，生菜20克，鱼丸55克，鸡蛋40克，葱花少许，盐2克，鸡粉、胡椒粉、食用油各适量

做法

1. 洗净的生菜切碎。

2. 鸡蛋打入碗中，打散调匀，制成蛋液。

3. 热锅注油，倒入蛋液，快速搅拌，用中小火炸约1分钟，制成蛋酥，捞出。

4. 锅底留油烧热，倒入清水烧开，放入挂面煮至软，倒入鱼丸。

5. 加入盐、鸡粉调味，煮约1分钟，撒上胡椒粉，放入生菜。

6. 倒入鸡蛋酥，拌匀，煮至食材熟透盛入碗中，撒上葱花即可。

云吞面

分量：1~2人份

它，平常普通，有时候甚至说不出它哪里好。可是，就是这样的它却仿佛有一种神奇的魔力，引人想要去品尝。

原料

云吞110克，挂面120克，菠菜叶45克，盐、鸡粉、胡椒粉各1克，生抽、芝麻油各5毫升

做法

1. 盐、鸡粉、胡椒粉、生抽、芝麻油装入碗中。
2. 锅中注水烧开，将适量沸水盛入装有调料的碗中，调成汤水。
3. 沸水锅中放入面条，煮约2分钟至熟软。
4. 捞出煮好的面条，沥干水分，盛入汤水中待用。
5. 锅中再放入云吞，煮约3分钟至熟软。
6. 倒入洗净的菠菜叶，稍煮片刻至熟透。
7. 捞出煮好的云吞和菠菜，沥干水分，盛入汤面碗里即可。

生菜鸡丝面

一碗暖和和的汤面，配上香喷喷鸡肉，外加几棵绿油油的生菜，有肉、有菜、有面，那真是叫人垂涎欲滴！

原料

鸡胸肉 150 克，生菜 60 克，挂面 80 克，上汤 200 毫升，盐 3 克，鸡粉 3 克，水淀粉 3 毫升，食用油适量

做法

1. 洗净的鸡胸肉切片，再改切成丝，鸡肉丝盛入碗中，加入盐、鸡粉、水淀粉，拌匀，加少许食用油，腌渍 10 分钟。

2. 洗净的生菜切成细丝，待用。

3. 锅中加入适量清水烧开，放入挂面搅拌，煮 2 分钟。

4. 把煮好的面条捞出，放入碗中备用。

5. 锅中加入少许清水，加入上汤煮沸，放入鸡肉丝，加盐、鸡粉。

6. 放入生菜煮熟，放在面条上，倒入鸡肉丝和汤汁即可。

银鱼豆腐面

去巢湖吃过特色菜银鱼豆腐，好吃。美味升级，加入顺滑爽口的挂面，一个人的晚餐，也是暖暖的。

原料

挂面170克，豆腐80克，黄豆芽40克，银鱼干少许，柴鱼片汤500毫升，蛋清15克，盐2克，生抽5毫升，水淀粉适量

做法

1. 将洗净的豆腐切开，改切成小方块，备用。
2. 锅中注入适量清水烧开，倒入面条。
3. 搅匀，用中火煮约4分钟，至面条熟透。
4. 关火后捞出煮熟的面条，沥干水分，待用。
5. 另起锅，注入柴鱼片汤，放入洗净的银鱼干。
6. 拌匀，用大火煮沸，加入盐、生抽。
7. 倒入洗净的黄豆芽，放入豆腐块，拌匀。
8. 淋入水淀粉，拌匀，煮至食材熟透。
9. 倒入蛋清，边倒边搅拌，制成汤料，待用。
10. 取一个汤碗，放入煮熟的面条，盛入锅中的汤料即成。

分量：1~2人份

三鲜面

简简单单、平淡而不乏味的生活就需要一盘三鲜面，营养美味一目了然！

原料

挂面200克，猪瘦肉50克，火腿肠2根，黄瓜半根，香菇4个，香菜、葱、鲜汤各适量，盐3克，鸡粉1克，胡椒粉2克，芝麻油3毫升，食用油适量

做法

1. 将火腿肠切成片；猪瘦肉洗净切成片；黄瓜洗净切成片；香菇、香菜均洗净；葱洗净，切葱花。

2. 锅中注水烧开，放入挂面，煮约6分钟至面条熟软，捞出，放入盘内，待用。

3. 锅中注油烧热，放入猪肉片翻炒至变色，加入鲜汤，放入香菇、火腿肠、黄瓜，煮至沸腾。

4. 调入盐、鸡粉、胡椒粉，煮至入味。

5. 淋入芝麻油调味，盛出倒在装有挂面的盘中。

6. 撒上适量葱花、香菜即可。

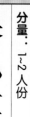

卷心菜鸡肉挂面

鲜嫩多汁的鸡腿肉，浇上香气四溢的自制酱料，搭配甘甜新鲜的高丽菜，这碗面总能给你幸福的满足感。

原料

卷心菜 30 克，鸡腿肉 200 克，苹果泥 40 克，挂面 150 克，鸡汤适量，白芝麻少许，生抽 10 毫升，料酒 8 毫升，白糖 5 克，盐 3 克，生姜汁、水淀粉、黑胡椒粉、食用油各适量

做法

1. 卷心菜切成大块。

2. 鸡腿上切一字花刀，放入油锅中煎至两面呈金黄色。

3. 取一个小碗，放入生抽、料酒、白糖、生姜汁、苹果泥，拌匀，浇在鸡腿肉上，加盖大火烧开。

4. 揭开盖，倒入水淀粉，收汁后盛出，再切成厚片，待用。

5. 鸡汤倒入锅中煮开，放入面条，将其煮熟，将卷心菜放入锅中，加入盐，拌匀调味。

6. 煮好的面盛入碗中，再摆放上鸡腿肉，撒上白芝麻、黑胡椒粉即可。

鸡汤面

分量：1~2人份

鲜美的鸡汤面伴随了我们从小到大的记忆，好吃的鸡肉、浓郁甘甜的鸡汤，那是回忆里的味道，也是家的味道。

原料

挂面 150 克，鸡肉 50 克，葱花少许，鸡汤适量，青菜 30 克，盐少许，芝麻油适量

做法

1. 锅中注入适量鸡汤与鸡肉，用大火烧开。

2. 将挂面倒入锅中。

3. 用筷子将挂面搅散，煮 5 分钟至面条七成熟。

4. 加入洗好的青菜，加盐拌匀，煮至食材熟软。

5. 略煮片刻，先将面条捞出盛入碗中，再盛入锅中的汤料。

6. 撒上少许葱花，淋上适量芝麻油即可。

肉臊面

分量：1~2 人份

你试过在肉臊面里吃到虾和卤蛋吗?！如果没有就赶紧试做一下这碗新意十足的肉臊面吧！绝对惊艳四座！

原料

挂面230克，基围虾60克，肉末50克，黄豆芽25克，卤蛋1个，香菜叶少许，高汤350毫升，盐、鸡粉各2克，料酒4毫升，生抽5毫升，水淀粉、食用油各适量

做法

1. 将基围虾洗净，去虾壳、虾线；卤蛋对半切开；黄豆芽洗净。
2. 锅中注入食用油烧热，倒入肉末，加料酒、生抽、高汤、鸡粉、盐、水淀粉，炒入味，盛出；黄豆芽焯水捞出；虾仁氽水捞出。
3. 炒锅注水烧开，倒入挂面拌匀，中火煮约5分钟至熟透，盛出装入碗中。
4. 将剩余高汤、生抽、鸡粉倒入锅中，加虾仁，煮沸制成汤料。
5. 装面条的碗中放入黄豆芽、卤蛋、炒好的肉末，盛入锅中的汤料，放上香菜叶即可。

杂菌粗面

菌菇含有丰富的氨基酸，鲜美异常，煮成香浓的汤配以粗面，更是美味的升级。

原料

粗面300克，猪肉薄片30克，杏鲍菇100克，白玉菇、大葱、柴鱼汤各适量，食用油、盐、胡椒粉、清酒各适量

做法

1. 杏鲍菇、白玉菇切成小块。

2. 大葱斜刀切成薄片。

3. 热锅注油烧热，倒入猪肉薄片、大葱，炒香。

4. 倒入菌菇，炒匀，倒入柴鱼汤。

5. 加入清酒、盐、胡椒粉，搅拌匀，盖上盖，中火煮20分钟。

6. 汤锅注水烧开，放入粗面，将其煮熟。

7. 将面捞出，放入冷开水中，浸泡降温。

8. 揭开盖，将煮好的杂菇汤盛出装入碗中。

9. 备小碗，装入降温后的粗面，食用时冷面沾热汤食用。

牛肉面

分量：1~2人份

兰州牛肉拉面的香甜顺滑总是让人爱不释口，家中没有拉面，换上挂面，其实你依旧可以享受到那份美味。

原料

挂面500克，牛肉100克，牛肉丸50克，青椒、红尖椒、葱花、蒜末、香菜段、大葱段各适量，盐3克，鸡粉1克，陈醋8毫升，老抽3毫升，料酒2毫升，食用油适量

做法

1. 将青椒洗净切成碎；红尖椒洗净切圈；蒜末加料酒、1毫升老抽腌渍一会儿。

2. 将切好的食材装入小碟中，再倒入4毫升陈醋、2毫升老抽，加入1克盐，拌匀入味，再撒上葱花，拌匀，制成酱汁。

3. 锅中注水烧开，放入备好的牛肉，煮至熟，捞出放凉，切成片，装入碗中，待用。

4. 另起锅注水烧开，加入食用油，放入牛肉丸煮2分钟，再下入挂面，煮约6分钟，加入2克盐，拌匀，煮一会儿，再加入鸡粉，淋入4毫升陈醋，煮至食材入味。

5. 捞出煮好的挂面装碗，再放入牛肉丸、牛肉片，撒上大葱段，放上香菜段，将腌渍好的蒜末倒在上面，配上做好的酱汁即可。

茄汁红烧牛肉面

分量：2人份

比康师傅红烧牛肉面更健康、比牛肉面更华丽的茄汁红烧牛肉面，色彩、营养、味道都满分的牛肉面。

原料

挂面200克，牛肉100克，香菜15克，蒜片20克，高汤100毫升，西红柿2个，盐9克，鸡粉2克，生抽2毫升，老抽3毫升，辣椒油6毫升，水淀粉、料酒、食用油各适量

做法

1. 将洗净的西红柿切块。
2. 洗净的香菜切成1厘米长的段，备用。
3. 将洗净的牛肉切片盛碗，加生抽、4克盐、鸡粉，拌匀。
4. 倒入水淀粉、食用油，腌渍10分钟至入味。
5. 锅中倒入适量清水，用大火烧开，加入食用油和5克盐。
6. 放入面条，搅拌匀，煮约3分钟至熟，捞出待用。
7. 用油起锅，放入蒜片，爆香。
8. 放入西红柿，翻炒至有汤汁出来，放入牛肉片，炒匀。
9. 加入生抽、料酒，快速炒匀，倒入高汤后大火煮开。
10. 放入老抽、辣椒油、盐，翻炒至入味，加入水淀粉，翻炒收汁。
11. 将炒好的酱汁浇在面条上即可。

虾仁菠菜面

海鲜、蔬菜，还有彩色的面条，营养搭配、色香味俱全，无论何时都是你的最佳选择。

原料

菠菜挂面 80 克，虾仁、旗鱼、鸡肉各 40 克，青菜 30 克，胡萝卜 10 克，盐 1 克，酱油 2 毫升，食用油 4 毫升

做法

1. 胡萝卜洗净，去皮，再切丝；青菜洗净，切成小段。

2. 鸡肉、旗鱼均洗净，切薄片；虾仁洗净沥干，备用。

3. 锅内注入适量清水煮沸，加入食用油，放入备好的菠菜挂面。

4. 煮至沸腾，再加入鸡肉、胡萝卜，煮一会儿，放入旗鱼、虾仁，煮至全部食材熟软，再倒入青菜稍微煮一会儿。

5. 调入盐，煮至食材入味。

6. 盛出装入碗中，食用时淋入酱油即可。

清汤羊肉面

分量：1~2人份

这一碗美味与美丽兼备的清汤羊肉面，适合口味清淡的你。羊骨熬成的浓汤，是这碗面的精髓，浓郁醇厚，食之唇齿留香。

原料

羊骨100克，羊肉100克，挂面100克，葱、姜、香菜、桂皮、八角各适量，胡椒粉、盐、食用油各适量

做法

1. 羊骨斩块，羊肉洗净切片，香菜、葱分别洗净切碎。

2. 锅中注水烧沸，放入羊骨，加入葱、桂皮、八角，加盖熬煮30分钟。

3. 揭盖，放入羊肉片汆熟，加适量盐，煮至食材入味。

4. 另起一锅，加入适量清水煮沸，放入面条煮至断生。

5. 放适量食用油，加胡椒粉、盐，煮熟。

6. 将面条盛入碗中，盛出羊肉铺在上面，淋上适量羊肉汤，撒上葱花、香菜即可。

砂锅鸭肉面

冬季十分寒冷，此时不妨做碗滋补强身的鸭肉面，热气腾腾，香气四溢。

原料

挂面 60 克，鸭肉块 120 克，上海青 35 克，姜片、蒜末、葱段各少许，盐、鸡粉各 2 克，料酒 7 毫升，食用油适量

做法

1. 洗净的上海青对半切开。

2. 锅中注水烧开，加入食用油，倒入上海青，煮至断生，捞出。

3. 沸水锅中倒入鸭肉，拌匀，汆去血水，撇去浮沫，捞出沥干。

4. 砂锅中注水烧开，倒入鸭肉，淋入料酒，撒上蒜末、姜片。

5. 盖上盖，烧开后用小火煮约 30 分钟。

6. 揭盖，放入面条，搅拌匀。盖上盖，转中火煮约 3 分钟至面条熟软。

7. 加入盐、鸡粉，拌匀，煮至食材入味，取下砂锅，放入上海青，点缀上葱段即可。

大骨汤面

牛大骨汤饱含浓浓的家庭味道，用文火将牛骨汤煨至肉烂脱骨，时间赋予其好滋味。冬日里，来上一碗，暖胃暖心。

原料

挂面100克，牛排骨和肉各50克，黄瓜、大骨汤各适量，鸡蛋1个，葱末10克，盐3克，胡椒粉2克，酱油适量

做法

1. 将牛排骨和肉洗净，用开水煮熟后捞出，用手撕掉牛排骨上的牛肉。

2. 鸡蛋分成蛋黄和蛋白，分别煎熟后，切细丝；黄瓜洗净，切细丝。

3. 大骨汤放入锅里煮，沸腾后加盐、胡椒粉调味。

4. 挂面入锅煮熟，过凉水后沥干，装碗。

5. 将大骨汤倒入碗中，牛肉、黄瓜丝和蛋皮丝均放入碗中。

6. 再调入酱油和葱末，搅拌均匀即可。

葱爆羊肉面

分量：1~2人份

葱爆羊肉的魅力，在于怎么吃都不会腻。配上一碗面条，一口汤汁包裹的面条，一口葱爆羊肉，好吃到停不下来。

原料

羊肉100克，洋葱、胡萝卜各50克，挂面150克，大葱、葱花、姜末、蒜瓣各适量，盐、味精、生抽、孜然粉、食用油各适量

做法

1. 羊肉切丝，加少许食用油，搅拌均匀。
2. 将洋葱、胡萝卜分别洗净，切丝；大葱切段。
3. 锅中注水烧沸，放入面条煮熟，淋入适量生抽，盛出备用。
4. 热锅注油烧热，放入蒜瓣、姜末，爆香。
5. 放入羊肉，大火翻炒至断生。
6. 倒入洋葱、胡萝卜，淋入适量生抽，撒孜然粉，翻炒均匀。
7. 放入葱段、盐、味精，翻炒均匀。
8. 盛出后倒在煮好的面条上，撒上葱花即可。

清炖牛腩面

清炖牛腩面被誉为『中华第一面』，具有『汤镜者清，肉烂者香，面细者精』的独特风味和一清（汤清）、二白（萝卜白）、三绿（香菜、蒜苗绿）、四黄（面条黄亮）的特点。

原料

挂面200克，牛腩250克，白萝卜100克，香菜、姜、盐、胡椒粉、清汤各适量

做法

1. 姜切丝，将白萝卜洗净，切滚刀块。

2. 将牛腩放入沸水锅中焯熟，捞出沥干，放凉后切成小块。

3. 将熟牛腩块、白萝卜块、清汤一起放入锅中，炖约40分钟。

4. 锅内注水烧沸，放入面条煮熟，捞出盛入碗中。

5. 倒入炖好的原料，加香菜、姜丝、盐、胡椒粉拌匀即可。

炸酱面

分量：1~2人份

有肉有菜有酱料，有滋有味又方便，一道营养又好吃的炸酱面，让你根本停不下来。

原料

熟挂面200克，黄瓜90克，蛋液60克，肉末80克，干黄酱50克，甜面酱50克，葱花、香菜各少许，鸡粉2克，白糖2克，食用油适量

做法

1. 洗净的黄瓜斜刀切片，再切成丝。
2. 往干黄酱中注入适量清水，搅散化开。
3. 将干黄酱倒入甜面酱内，搅拌均匀，制成酱汁。
4. 备好的蛋液打散搅拌匀，待用。
5. 热锅注油烧热，倒入蛋液，翻炒松散后，盛出装入碗中，待用。
6. 另起锅注油烧热，倒入肉末，炒至转色后加入备好的葱花，翻炒出香味。
7. 倒入酱汁，快速翻炒均匀，使其充分入味。
8. 注入适量清水，搅拌匀，倒入鸡蛋，翻炒匀，加入鸡粉、白糖，翻炒调味制成炸酱。
9. 关火后将炒好的炸酱盛出浇在备好的面条上。
10. 摆放上备好的黄瓜丝、香菜，即可食用。

川香凉面

做法简单、好吃又开胃的凉面，即使炎炎夏日让人食欲消减，也会让你连吃两大碗都不够！

原料

熟挂面 250 克，香菜、葱段、蒜末各少许，绿豆芽 35 克，
老干妈豆豉酱 20 克，辣椒粉 30 克，花椒粒 3 克，生抽、
芝麻油各 5 毫升，鸡粉、白糖各 3 克，陈醋 3 毫升，食用
油适量

做法

1. 热锅注油烧热，倒入花椒粒、蒜末、葱段、辣椒粉，爆香。

2. 倒入洗净的绿豆芽，拌炒均匀。

3. 将绿豆芽盛入碗中，待用。

4. 取一个碗，倒入备好的熟挂面、炒好的绿豆芽，放入老干妈豆豉酱，划散。

5. 加入生抽、鸡粉、白糖、陈醋、芝麻油，充分拌匀入味。

6. 将拌好的凉面盛入盘中，撒上香菜即可。

什锦拌面

分量：1~2人份

面条是生活中必不可少的面食，做起来方便又简单，不需要纠结于食材，随心而动，美味依旧。

原料

黄面400克，墨鱼130克，剑虾8支，旗鱼70克，木耳、水发杏鲍菇、甜豆、水发香菇各适量，姜片、葱段各10克，醋5毫升，生抽3毫升

做法

1. 墨鱼处理干净，切成片；剑虾清洗干净；木耳洗净切片；水发杏鲍菇洗净切片；水发香菇洗净切片。

2. 锅中注水烧开，下入备好的黄面，焯一会儿，捞起，沥干水分，待用。

3. 另起锅注水烧开，加入葱段、姜片、木耳、杏鲍菇、香菇，煮至沸腾。

4. 加入旗鱼、墨鱼及剑虾，煮一会儿。

5. 放入洗净的甜豆煮一会儿，再倒入黄面，煮至食材熟软。

6. 加入醋、生抽，搅拌均匀，煮至入味，盛出即可。

玉米肉末拌面

分量：1~2人份

有荤有素，营养均衡，米饭之外的另一个选择，一道瞬间勾起你食欲的家常拌面。

原料

挂面175克，鲜玉米粒45克，黄瓜75克，猪肉末100克，西红柿丁20克，彩椒圈少许，盐、鸡粉各2克，生抽3毫升，料酒2毫升，水淀粉、食用油各适量

做法

1. 将洗净的黄瓜切片，改切细丝。
2. 起油锅，倒入猪肉末，炒匀，加入料酒，炒至变色，倒入西红柿丁。
3. 加入鸡粉、盐、生抽、水淀粉，炒至收汁，制成炸酱味料，装碗。
4. 锅中注水烧开，放入备好的玉米粒，煮约2分钟，至其熟透后捞出。
5. 锅中注水烧开，放入面条煮约3分钟，至面条熟透，捞出。
6. 面条装碗，倒入黄瓜丝、玉米粒、肉末酱，拌匀，放上彩椒圈即可。

鸡蛋羹拌面

分量：一人份

口感似豆花拌面，但味道却比豆花来的更加清新，少了些豆腥味儿，多了些鸡蛋的咸鲜。

原料

挂面175克，黄豆芽35克，鸡蛋羹80克，洋葱末35克，肉末45克，姜末、蒜末各适量，盐、五香粉各2克，鸡粉1克，生抽2毫升，料酒3毫升，水淀粉、食用油各适量

做法

1. 用油起锅，倒入备好的肉末，炒匀，加入少许料酒，炒至变色。
2. 撒上姜末、蒜末，炒出香味，倒入洋葱末。
3. 炒软，注入开水，加入盐、生抽、鸡粉炒匀，撒上五香粉。
4. 用水淀粉勾芡，至食材入味，盛出装盘，制成肉末酱，待用。
5. 锅中注水烧开，放入面条拌匀，用中火煮约3分钟，至面条熟透，捞出沥干待用。
6. 将锅中的面汤煮沸，放入洗净的黄豆芽，拌匀。
7. 煮约半分钟，至其断生后捞出，沥干水分，待用。
8. 取一个盘子，倒入煮熟的面条，放入焯过水的黄豆芽。
9. 放入备好的鸡蛋羹、肉末酱，食用时拌匀即可。

花生酱拌荞麦面

分量：一人份

传统荞麦挂面遇见了中式金牌调味花生酱，碰撞出的重口味火花，爽翻了许多人的舌尖。

原料

荞麦挂面95克，黄瓜60克，胡萝卜50克，葱丝、花生酱各少许，陈醋4毫升，生抽5毫升，芝麻油7毫升，盐、鸡粉各2克，白糖适量

做法

1. 胡萝卜去皮洗净切成细丝，黄瓜洗净切成细丝。

2. 锅中注入适量清水烧开，放入荞麦面搅散，用大火煮约4分钟，至其熟软后捞出过凉，备用。

3. 将面条装入碗中，放入胡萝卜、黄瓜、葱丝搅拌匀。

4. 另取一个小碗，倒入花生酱、盐、生抽、鸡粉、白糖，淋入陈醋、芝麻油，搅匀，调成味汁。

5. 将味汁浇到拌好的荞麦面上，搅拌均匀至其入味即可。

分量：一人份

老友面

对南宁人来说老友是一种情结，尤其远在他乡时，光是看到这两个字，就能想到吃上那么一碗重口味的老友面，各种酸爽和满足。

原料

挂面 200 克，鸡汤 150 毫升，肉末 60 克，酸笋片 50 克，
西红柿 70 克，辣椒酱 35 克，豆豉 30 克，蒜末、葱花各少许，
盐、鸡粉各 2 克，食用油适量

做法

1. 洗好的酸笋片切成小块，洗净的西红柿切成小块，待用。
2. 沸水锅中倒入面条，煮至熟软，将煮好的面条捞出，待用。
3. 另起锅注油烧热，倒入肉末，炒至稍微转色。
4. 放入豆豉、蒜末，炒香，倒入辣椒酱、酸笋、西红柿，翻炒匀。
5. 倒入鸡汤，加入盐、鸡粉。
6. 充分拌匀入味，煮至沸腾。
7. 关火后盛入面条碗中，撒上葱花即可。

泡菜肉末拌面

天天快餐是不是让你已经忘了吃饭其实是人生的一种享受？一道简易的拌面，好吃不麻烦，让你与快餐说 goodbye！

原料

泡萝卜 40 克，酸菜 20 克，肉末 25 克，面条 100 克，葱花少许，盐、鸡粉各 2 克，陈醋 7 毫升，生抽、老抽各 2 毫升，辣椒酱、水淀粉、食用油各适量

做法

1. 泡萝卜切丝；酸菜洗净，切成粗丝。

2. 锅中注水烧开，倒入泡萝卜、酸菜，拌匀，焯约 1 分钟，捞出。

3. 锅中注水烧开，淋入食用油，放入面条煮 2 分钟至熟软，捞出。

4. 起油锅，倒入肉末炒至变色，淋入生抽，倒入焯过水的食材，炒匀。

5. 放入辣椒酱、少许清水，炒匀，调入盐、鸡粉、陈醋，煮至食材熟软、入味。

6. 用水淀粉勾芡，调入老抽，盛入装有面条的碗中，撒上葱花即可。

分量：1~2 人份

家常大盘鸡拌面

大盘鸡，去清真餐馆必点的硬菜。把它和爽滑润口的挂面结合起来，更是美味加倍。

原料

鸡腿肉 400 克，熟挂面 150 克，白洋葱 15 克，去皮胡萝卜 20 克，青椒 30 克，西红柿 100 克，去皮土豆 200 克，姜片、香菜叶各少许，花椒粒 5 克，八角 2 个，茴香、桂皮、陈皮各 5 克，香叶 3 片，生抽 5 毫升，盐、鸡粉各 3 克，水淀粉 10 毫升，食用油适量

做法

1. 胡萝卜、土豆、白洋葱、青椒、西红柿均洗净改刀。

2. 鸡腿肉入沸水锅中，汆水捞出。

3. 起油锅，爆香姜片、花椒粒、八角、茴香、桂皮、香叶、陈皮。

4. 倒入鸡腿肉、白洋葱、土豆、胡萝卜，炒匀，加入生抽。

5. 放入青椒，加水、盐，焖至熟。

6. 加西红柿、鸡粉、水淀粉炒匀，盛在面条上，放上香菜叶即可。

分量：一人份

荞麦素面

荞麦面简单地搭配酱油蘸汁，最好地体现了面的原味，是平凡却不单调的美味。

原料

荞麦面150克，大葱10克，生抽20毫升

做法

1. 大葱切碎，放入碗中。

2. 生抽煮热之后倒入大葱中。

3. 调味汁放入冰箱冷藏，或者加些冰块降温。

4. 水烧开，放入荞麦面煮熟。

5. 捞出放入冰水中降温，彻底变凉后控水备用。

6. 将面装入碗中，食用时用面条蘸着调味汁即可。

金针菇海蜇荞麦面

分量：一人份

加了陈醋的荞麦面滋味出彩，即便是味道寡淡的金针菇和海蜇都变得诱人起来，一起来大快朵颐吧。

原料

金针菇65克，香辣海蜇120克，荞麦面90克，蒜末、葱花各少许，盐2克，生抽5毫升，陈醋7毫升，芝麻油4毫升

做法

1. 锅中注入适量清水烧开，倒入荞麦面，搅拌匀。

2. 大火煮约3分钟至面熟软，倒入洗净的金针菇，煮至断生即可。

3. 将煮好的食材捞出，置于凉开水中，浸泡片刻。

4. 捞出食材，沥干水分，装入盘中，放入蒜末、葱花。

5. 倒入香辣海蜇，加入盐、生抽。

6. 淋入陈醋、芝麻油，搅拌均匀至食材入味，将拌好的荞麦面装入盘中即可。

原料

面条80克，西红柿60克，鸡蛋1个，蒜末、葱花各少许，盐、鸡粉各2克，番茄酱6克，水淀粉、食用油各适量

做法

1. 西红柿洗净切小块；鸡蛋打入碗中，打散，调成蛋液。

2. 锅中注水烧开，加入少许食用油，倒入备好的面条，煮至熟软，捞出，沥干水分，装入碗中。

3. 起油锅，倒入蛋液，炒成蛋花状，盛入碗中。

4. 锅底留油，爆香蒜末，放入西红柿、蛋花，炒匀。

5. 注入少许清水，调入番茄酱、盐、鸡粉，煮至熟软。

6. 倒入水淀粉勾芡，将锅中原料盛入面条中，放上葱花即可。

分量：一人份

西红柿鸡蛋打卤面

西红柿炒鸡蛋、打卤面，两样都不稀奇。将这两样经典结合，看这成果，是不是很完美？

鸡蛋拌面

分量：一人份

寻常街头巷尾都能瞧见的廉价美食，却并不廉价，饿时来一碗，准顶饱。但那酸爽的口感

原料

骨头汤500毫升，面条200克，鸡蛋2个，葱花少许，盐、
鸡粉、辣椒粉各2克，生抽7毫升，食用油、芝麻油各
适量

做法

1. 盐、鸡粉、辣椒粉、生抽、芝麻油倒入碗中，搅拌匀制成酱料。

2. 骨头汤倒入锅中，加入食用油煮开，放入面条。

3. 搅拌匀至面条完全煮熟，捞出过一次冷水。

4. 鸡蛋放入开水中浸泡7分钟，至鸡蛋半熟再泡入冷水中。

5. 将面条装入碗中，浇上酱料，拌匀。

6. 打入鸡蛋，撒上葱花即可。

丝瓜香菇鸡丝面

分量：1~2人份

早餐、晚餐都是非常适合吃面条的，生菜富含维生素，鸡蛋含有高蛋白，两者牵手，无理由不爱！

原料

面条100克，鸡蛋1个，生菜65克，葱花少许，盐、鸡粉各2克，食用油适量

做法

1. 鸡蛋打入碗中，打散，调匀，制成蛋液，备用。
2. 用油起锅，倒入蛋液，炒至蛋皮状。
3. 关火后将炒好的鸡蛋盛入碗中，待用。
4. 锅中注入适量清水烧开，放入面条，拌匀。
5. 加入盐、鸡粉，拌匀。
6. 盖上盖，用中火煮约2分钟。
7. 揭盖，加入少许食用油。
8. 放入蛋皮，拌匀，放入洗好的生菜，煮至变软。
9. 关火后盛出煮好的面条，装入碗中，撒上葱花即可。

豆角焖面

分量：一人份

豆角焖面，老北京的专属，饭菜一锅鲜，好吃又好做，最重要的是味道超级棒，绝对的懒人必备单品。

原料

挂面100克，豆角100克，葱段、蒜末各少许，盐、鸡粉各2克，生抽5毫升，豆瓣酱15克，上汤、料酒、食用油各适量

做法

1. 洗净的豆角切成1厘米长的段，装入盘中，备用。

2. 锅中加入适量清水，加入食用油。

3. 放入面条，搅拌，煮约4分钟至熟。

4. 把煮好的面条捞出，装入碗中备用。

5. 用油起锅，倒入蒜末、豆角。

6. 加入料酒、生抽、豆瓣酱、上汤炒匀，加盐、鸡粉炒匀调味。

7. 倒入面条，加盖，小火焖1分钟至熟软。

8. 揭盖，放入葱段，用锅铲炒匀，把面条盛出，装入碗中即可。

豆角拌面

分量：1~2人份

伴随着朝阳的盛起，一切都显得生机勃勃，轻松做出简单美味营养的拌面，吃完迎接新的一天吧。

原料

油面250克，豆角50克，肉末80克，红椒20克，盐2克，鸡粉3克，生抽、料酒、芝麻油、食用油各适量

做法

1. 洗净的红椒切丝，再切成粒；洗好的豆角切成粒。
2. 用油起锅，倒入肉末，炒至变色，放入豆角。
3. 加入料酒、生抽、1克鸡粉，炒匀，加入红椒，炒匀，盛入盘中。
4. 锅中注水烧开，倒入油面，煮约5分钟至油面熟软，装入碗中。
5. 加入盐、生抽、2克鸡粉、芝麻油。
6. 放上炒好的肉末，拌匀即可。

牛肉冷面

牛肉冷面是朝鲜族传统美食，凉爽可口的面条加上鲜美的牛肉汤，非常适合夏天食用，是缓解暑热的最佳美味。

原料

熟鸡蛋1个，牛肉150克，黄瓜50克，梨150克，荞麦面500克，洋葱30克，葱、姜、蒜、盐、白醋各适量

做法

1. 梨取肉榨汁，倒入锅中煮开。

2. 准备一个锅，加入1升水，加入牛肉、葱、姜、蒜和洋葱煮1个小时。

3. 加入梨汁煮滚，加入盐，拌匀调味。

4. 捞出牛肉，将汤过滤放入冰箱冷藏。

5. 锅中注水烧开，放入荞麦面煮2-3分钟至软，再放到冷水中冷却。

6. 沥干荞麦面，放入碗中。

7. 煮过的牛肉切片，待用。

8. 将黄瓜、梨肉切成丝，铺摆在面上。

9. 将牛肉片和半个蛋放到面上。

10. 倒入刚刚冷却的牛肉汤即可。

海鲜面

各种美味的海鲜炒制成的浇头芡汁慢慢地软化干脆的面条，两种口感交织转化的美味，让人欲罢不能。

原料

蛏子、花蛤各50克，对虾50克，细面200克，葱花、姜片各适量，盐、料酒、食用油、水淀粉、胡椒粉、生抽、高汤各适量

做法

1. 锅中注水烧开，放入细面，将其煮熟，捞出浸入凉开水中降温，待用。
2. 热锅注油烧热，放入细面，将其煎定型，制成面饼，盛出待用。
3. 锅底留油，放入姜片，爆香，倒入蛏子、花蛤、对虾，翻炒匀。
4. 淋入料酒，继续翻炒匀。
5. 倒入高汤，加入胡椒粉、盐，翻炒入味。
6. 淋入生抽、水淀粉，翻炒收汁。
7. 将炒好的海鲜浇在面饼上，撒上葱花即可。

焦糖吐司

Chapter 5

大隐于街巷的小吃

小食通常是指一日三餐时间点之外的时间里所食用的食品。小食的类型可谓五花八门，遍及粮食、果蔬、肉蛋奶各类，酸甜辣各味俱全，热吃、凉吃吃法不一，远远超出了词典中关于"小食"所下的定义范畴。经过若干年的发展，特色小食成为美食文化不可缺少的一部分，因各地的风俗习惯而各具特色。

焦糖吐司：老式咖啡店中经常被用来搭配咖啡的焦糖吐司，也可以在家做，不论是搭配咖啡还是茶都非常合适。

分量：3～4人份

糯米鸡

无法复制的香气，春节里，外婆挑出整只鸡中最优质的鸡腿肉，与各种食材裹入荷叶中蒸制，出锅时鲜香四溢，忍不住流口水。

原料

鸡腿180克，水发香菇55克，水发糯米185克，干贝碎12克，干荷叶适量，盐、鸡粉各2克，胡椒粉少许，生抽3毫升，料酒4毫升，芝麻油、食用油各适量

做法

1. 鸡腿剔骨；鸡肉切丁；香菇去蒂，再切小块。
2. 干荷叶修齐边缘，待用。
3. 用油起锅，放入肉丁，炒至变色。
4. 淋入生抽，炒匀，加入料酒，炒出香味。
5. 倒入香菇丁，翻炒匀，倒入干贝碎，炒匀。
6. 加入鸡粉、盐、胡椒粉，淋入适量芝麻油。
7. 用中火快速炒匀，至食材入味，待用。
8. 取备好的干荷叶，平放在案板上，倒入洗净的糯米。
9. 盛入锅中炒好的材料，铺开，拌匀。
10. 包紧荷叶，放在蒸盘中，制成荷叶包，用中火蒸约35分钟至熟透。

炸猪排

经典的上海小食，酥脆的外壳包裹着鲜嫩的猪肉，肉香四溢，风味十足。

原料

猪排 200 克，天妇罗粉 30 克，面包糠 50 克，盐、鸡粉、胡椒粉各 3 克，料酒 5 毫升，食用油适量

做法

1. 取一个碗，倒入洗净的猪排。
2. 加入盐、鸡粉、料酒、胡椒粉，拌匀。
3. 倒入天妇罗粉，注入适量清水，拌匀。
4. 将猪排裹上适量面包糠，放入盘中待用。
5. 热锅注油，烧至七成热，放入猪排，低温炸熟，转大火炸至金黄色。
6. 关火后捞出炸好的猪排放入盘中，即可食用。

灌汤小笼包

小笼包的历史悠久，可追溯到北宋时期，但随着人群的流动迁徙，小笼包也分不同的口味。灌汤小笼包是偏南派的，香醇可口，回味悠长。

原料

高筋面粉300克，低筋面粉90克，生粉70克，鸡蛋1个，肉胶150克，灌汤糕100克，姜末、葱花各少许，盐2克，鸡粉2克，生抽3毫升，芝麻油2毫升

做法

1. 肉胶中拌入姜末、灌汤糕、盐、鸡粉、生抽、葱花、芝麻油，制成馅料。
2. 高筋面粉中加入低筋面粉，用刮板开窝，倒入鸡蛋。碗中装少许清水，放入生粉，加开水，搅成糊状。
3. 加入适量清水，冷却，把生粉团捞出，搅匀，刮入高筋面粉、低筋面粉混合物，揉搓成光滑的面团。
4. 面团切数个大小均等的剂子，擀成包子皮。
5. 取适量馅料放在包子皮上，制成生坯。
6. 把生坯装入锡纸杯中，再放入烧开的蒸锅里，大火蒸8分钟。

分量：1~2人份

叫花鸡

还记得《射雕英雄传》里的叫花鸡吗？这道不走寻常路的美食，是武侠中的味道也是每个人记忆里的味道。

原料

三黄鸡1只，香菇少许，香葱15克，老姜20克，粗盐200克，花椒少许，大料2个，花雕酒50毫升，生抽10毫升

做法

1. 粗盐里加入花椒和大料，炒至盐微微发黄，即可盛出，凉凉备用。
2. 香菇去蒂，老姜切片，香葱打成结。
3. 在处理好的鸡身上和腹腔内抹上炒好的盐，盐不用全部抹在鸡上，抹完盐以后用手多拍拍鸡肉。
4. 放入花雕酒继续拍打按摩以入味。
5. 在鸡腿内侧划一刀，让腿可以折进肚子里。
6. 将姜片、香菇及香葱塞进鸡肚子里。
7. 将鸡和所有调料一起放入保鲜袋，放入冰箱冷藏一夜。
8. 用荷叶包裹住鸡，再用棉线捆绑固定。
9. 裹两层锡纸，放入烤箱，190℃烤90分钟即可。

麻辣鸡爪

分量：1~2人份

鸡爪中配上了适量的土豆，让鸡爪的味道更加美味，再加上麻辣的花椒在其中增味，让这款鸡爪更成为抢手菜！

原料

鸡爪200克，土豆块120克，干辣椒、花椒、姜片、蒜末、葱段各少许，料酒16毫升，老抽2毫升，鸡粉2克，盐2克，辣椒油2毫升，芝麻油2毫升，豆瓣酱15克，生抽4毫升，食用油、水淀粉各适量

做法

1. 鸡爪切去爪尖，斩成小块。
2. 锅中注水烧开，加入料酒，放入鸡爪煮熟，捞出待用。
3. 用油起锅，放入姜片、蒜末、葱段。
4. 加入干辣椒、花椒，炒香，倒入鸡爪略炒片刻。
5. 加入料酒、土豆、生抽、豆瓣酱，炒香。
6. 倒入适量清水，淋入老抽，翻炒几下。
7. 加入鸡粉、盐、辣椒油、芝麻油，炒匀调味。
8. 用小火焖8分钟，倒入葱段，翻炒匀。
9. 用大火收汁，淋入水淀粉，翻炒至熟，盛出即可。

沔阳三蒸

因为著名的「沔阳三蒸」，湖北仙桃成为了全国有名的「蒸菜之乡」，蒸鱼、蒸肉、蒸蔬菜，除了绝佳的湖北风味，还最大程度地保留了食材的营养，爱美食、爱健康的你一定不会错过！

原料

五花肉片250克，草鱼300克，米粉适量，去皮土豆200克，胡萝卜丝150克，葱花适量，姜片、蒜片各适量，盐3克，料酒、生抽各8毫升

做法

1. 草鱼取出鱼腩部分，切成条；土豆切滚刀块。
2. 草鱼肉中拌入姜片、盐、料酒，腌渍10分钟。
3. 将腌渍好的鱼肉裹上米粉。
4. 五花肉中拌入盐、料酒、生抽、姜片、蒜片，腌渍10分钟，再裹上米粉。
5. 备好一个碗，倒入胡萝卜丝、土豆块，裹上米粉。
6. 备好一个三层的电蒸锅，最底层的蒸笼屉放上土豆块、胡萝卜丝，中间层放上草鱼，上层放上五花肉块。
7. 蒸40分钟，取出，撒上葱花即可。

馕

分量：2~3 人份

馕在新疆的历史悠久，外皮为金黄色，古代称为『胡饼』『炉饼』。这道经典传统的西北美食，是不是唤起了你对大西北的向往？

原料

普通面粉 500 克，牛奶 250 毫升，芝麻适量，发酵粉 3 克，蜂蜜水少许，白糖 8 克，盐 5 克

做法

1. 面粉、牛奶、白糖、盐、发酵粉装入碗中和匀，注意盐和白糖与发酵粉分开放。

2. 揉至光滑，发酵至两倍大，分成若干等份。

3. 用擀面杖擀两下后用手掌在面团中间向外推开。

4. 轻轻拉开，中间尽量薄些，边缘厚些。

5. 用叉子在面片上均匀地扎上小孔。

6. 刷上蜂蜜水，撒上芝麻，然后用勺子压压芝麻，以防烤熟后掉落。

7. 放入预热的烤箱，200℃烤 15~20 分钟至表面金黄即可。

烧饼

分量：1~2人份

烧饼是汉代班超从西域引进的，有着上千年的历史，是一道古今都大受欢迎的传统经典小食。

原料

面粉300克，椒盐粉少许，芝麻适量，酱油、食用油各适量

做法

1. 温水和面，边搅边加水，揉成软面团，在温暖处饧10分钟。

2. 面团发至原来的两倍以上，再分成等份的小面团，用压面机压成薄饼。

3. 面饼上薄薄刷一层油，均匀地撒上椒盐粉，卷成小卷。

4. 分成40克大小一个的剂子，两头封口，注意将切缘包在里面。

5. 将剂子拉长，向中间折叠，整理形状，压扁。

6. 饼坯上刷一层酱油，裹上芝麻。

7. 电饼铛烧热后，放入饼坯，烙6分钟，至饼表面稍有焦黄即可。

锅盔

分量：1～2人份

锅盔源于外婆给外孙贺弥月赠送的礼品，后发展成为风味独特的食品。外表斑黄，切口砂白，酥香适口，能久放，便携带。有人编成的顺口溜『陕西十大怪』中，有一怪为『烙馍像锅盖』，指的就是锅盔。

原料

五花肉300克，高筋面粉250克，肉糜、葱花各适量，食用油、盐、白糖、料酒、生抽、花椒粉各适量

做法

1. 五花肉烤出油，油放冷后备用。

2. 高筋面粉里加水，混合成面团，静置发酵制成半发面，擀成巴掌宽条状。

3. 刷薄薄一层冷猪油，对折擀平后，再重复5遍。

4. 肉糜里加入盐、白糖、料酒、生抽、花椒粉、食用油，充分拌匀制成肉馅。

5. 在面上铺上肉馅，两边留空一些，卷起来，拍扁，塑成圆形。

6. 放入第一步煎好的猪油，小火煎到面饼鼓起到两倍高，两面煎至金黄色即可。

椒盐桃片

椒盐桃片是湖州地区的特色传统名点。椒盐桃片的主要特点是色幽片薄，有桃、麻香味，口感松脆，甜中带咸。

原料

炒熟糯米粉200克，核桃仁30克，黑芝麻屑50克，蒸熟小麦粉适量，白糖50克，饴糖10克，椒盐适量，植物油250毫升

做法

1. 白糖加水和植物油搅拌后，在容器中静置若干天，成潮糖。

2. 将糯米粉与潮糖拌匀，用擀面杖碾擀2遍，刮刀铲松堆积，再用双手掌用力按擦2遍，用粗筛筛出糕料。

3. 先将1/5的糕料入烫炉制面，再将3/5的糕料和去涩核桃仁拌入饴糖及黑芝麻屑，入烫炉铺平按实，最后将1/5的糕料入烫炉制底，用工具揿实，开条待炖。

4. 水温80℃，将糕坯连烫炉放在置有蒸架的锅里，隔水蒸约4分钟，面、底均呈玉色，刀缝有裂缝时即成。

5. 糕坯有间距地侧放在回汽板上，冷却再放回锅内加盖回汽。

6. 回过汽的糕坯正面拍上一层熟小麦粉，侧立排入糕箱内，上面铺上熟小麦粉，使糕坯与外界空气基本隔绝，放置一昼夜后，让其缓慢冷却，切成均匀的薄片，但糕片间不脱离。

7. 糕片摊在烤盘内，经230℃左右的炉温烘烤约5分钟即可。

麻团

分量：3~4人份

麻团又叫煎堆，是一种油炸面食。以糯米粉团炸起，加上芝麻而制成。卖油条大饼的地方总能看到麻团的身影，香香脆脆的芝麻味，里面软软糯糯的特别好吃，是小时候爱吃的早点。

原料

糯米粉100克，低筋面粉10克，鸡蛋1个，白芝麻适量，白糖20克，泡打粉1克，食用油适量

做法

1. 用开水将白糖溶化，加入鸡蛋后打匀，倒入低筋面粉、糯米粉混合物里，搅拌均匀和成面团，静置15分钟。
2. 分割成每个为20克的小剂子，揉圆沾点水放入白芝麻的碗里，均匀裹上白芝麻，静置片刻。
3. 热锅加食用油，加热至大概40℃时，放入糯米团。
4. 一直用小火加热，慢慢油起泡。
5. 油温上来时，糯米团会浮起来，用铲子每个都压3~4下，捞出即可。

肉夹馍

西安经典小食，你可能没去过古都西安，但你一定听说过这个古都美味的小食。

原料

五花肉 700 克，白吉馍 200 克，大葱 20 克，干辣椒段 8 克，八角 2 个，香叶适量，草果 2 个，桂皮适量，豆蔻 10 克，花椒粒 6 克，茴香 5 克，生姜 15 克，老抽 5 毫升，盐 3 克，白糖 40 克，料酒、食用油各适量

做法

1. 生姜切片，大葱切段。

2. 将五花肉放入清水中，淋上适量料酒，浸泡 30 分钟去除腥味。

3. 热锅注入适量清水，倒入白糖，炒至深红色。

4. 注入适量清水，倒入草果、桂皮、八角、豆蔻、茴香、香叶、花椒粒、干辣椒、姜片、大葱段拌匀。

5. 加入老抽、盐，拌匀，煮至沸腾，制成卤水。五花肉倒入卤水中，大火煮开，转小火煮 60 分钟。

6. 将五花肉装盘，冷却后切碎。

7. 将白吉馍侧面切开，将适量的熟五花肉放入白吉馍中。

8. 将做好的肉夹馍放在备好的盘中即可。

腊八蒜

分量：1~2人份

腌好的腊八蒜，是蒜辣醋酸融合在一起，扑鼻而来，是吃饺子的最佳佐料，拌凉菜也可以用，味道独特。

原料

大蒜瓣150克，朝天椒10克，盐20克，白酒15毫升，白醋8毫升，白糖8克

做法

1. 取碗，加入盐、白糖、白醋和适量凉开水，拌匀至白糖溶化。

2. 淋入白酒，倒入洗净的朝天椒、去皮的大蒜瓣，搅匀。

3. 将拌好的食材盛入玻璃罐中，再倒入碗中的汁液。

4. 盖好盖子，置于阴凉干燥处浸泡30天。

5. 取出腌好的蒜瓣，摆好盘即可。

花生牛轧糖

分量：5~6人份

你还记得小时候爬上凳子伸长脖去够妈妈藏到柜子上的牛轧糖吗？曾经一颗蓝白相间包装纸包着的花生牛轧糖是多少人的爱！

原料

白色棉花糖300克，无盐黄油50克，无糖奶粉125克，
生花生200克，黑芝麻100克，盐2克

做法

1. 生花生、黑芝麻平铺在烤盘上，烤箱中层上下火150℃，烤20分钟左右至全熟，拿出散去水汽，入烤箱上下火70℃保温。

2. 黄油切成小片，用不粘锅上火熔化成液体。

3. 加入棉花糖不断翻拌，让棉花糖熔化，和黄油完全混匀至糖浆变稠。

4. 加入奶粉拌匀，至奶粉熔化，立即离火。

5. 加入花生、黑芝麻，用刮刀快速混匀。

6. 油布垫在烤盘上，把牛轧糖倒进去，整理成方形（约1.5厘米厚），盖上油纸，用擀面杖擀平整。

7. 冷却后切成长5厘米、宽1厘米的小块，用糖纸包起来防粘。

黄墩湖辣豆

经典的口味，一道重口味的下饭菜。谁说小菜不如大菜？伴着这一碟小菜，我可以吃三碗米饭。

原料

黄豆50克，鲜剁椒酱10克，花椒3个，姜碎10克，盐3克

做法

1. 锅中注入适量清水煮沸，放入黄豆。

2. 大火煮开后转小火煮2小时。

3. 将黄豆捞起，放入碗中，封上保鲜膜，放置1个星期。

4. 待黄豆已发酵长出白霉并且拉丝。

5. 放入剁椒酱、花椒、姜碎、盐，拌匀，放入备好的玻璃罐中。

6. 腌渍1个星期即可。

沙琪玛

分量：2~3 人份

沙琪玛是著名的京式四季糕点之一。读书的时候很喜欢吃鸡蛋沙琪玛，绵甜松软，吃了就停不下来。突然想念起沙琪玛软糯的口感，赶紧自己尝试着做做看吧。

原料

面粉 235 克，鸡蛋 3 个，葡萄干 30 克，白芝麻少许，白砂糖 200 克，食用油少许

做法

1. 鸡蛋和面粉混合，揉成面团，饧 15 分钟。

2. 把面团擀成 3 毫米左右厚的面片，撒一点儿干面粉，防止粘连。

3. 切成 5 厘米长的条状，锅内烧热油，下面条炸熟捞出。

4. 炸好的面条放一个大容器中。

5. 将备好的碗刷少许油。

6. 把白砂糖和水倒入锅内，熬至糖冒大泡。

7. 倒入炸好的面条、白芝麻和葡萄干迅速搅拌均匀。

8. 搅拌好的材料放入涂油的碗中，稍微压一下整理好，彻底凉凉后切块。

香脆薯条

分量：2~3 人份

薯条是孩子们爱吃的，直接用土豆切条来炸，是薯条正宗的做法。学会在家DIY，就不怕超市里卖的薯条不健康了。

原料

土豆适量，细盐少许，食用油适量

做法

1. 将土豆洗净削皮，切成自己喜欢的形状，在水里多泡会儿，除去里面的淀粉，捞出晾干水分。

2. 锅里加油，待油温可以时，把土豆放在油里，让它们均匀地浮在油面上，一次少放一些，免得粘在一起。

3. 炸成金黄色的时候，尽快捞出来，放一边晾着，要铺开些。全部炸好之后，再重新放在油里复炸一下，捞出撒上细盐搅拌匀即可。

蚝仔煎

蚝仔烙是一道典型的潮州小食，色香味俱全。入口时表皮香酥，白玉般的蚝仔更是嫩滑鲜美，别有风味。

原料

蚝仔（牡蛎）250克，鸡蛋280克，地瓜粉30克，葱花20克，
鱼露10克，胡椒粉3克，生粉10克，食用油适量

做法

1. 蚝仔中放入生粉，加水清洗蚝仔。

2. 地瓜粉放入碗中，加水搅匀。

3. 鸡蛋打入碗中，打散，将蚝仔放入蛋液中，注入地瓜粉液。

4. 加入葱花、鱼露，撒入胡椒粉，用筷子搅拌均匀。

5. 热锅注油，捞一勺食材放入锅中，煎至一面熟后翻面。

6. 煎好的蚝仔煎装盘即可。

豆沙卷

分量：1~2人份

心灵手巧的姑娘炫技的点心。

原料

豆沙 50 克，澄面 100 克，糯米粉 500 克，猪油 150 克，
白糖 175 克，面粉、椰蓉、食用油各少许

做法

1. 澄面装入碗中，注入适量开水烫一会儿，搅拌匀。

2. 再把碗倒扣在案板上，静置约 20 分钟，使澄面充分吸干水分，将发好的澄面揉搓匀，
   制成澄面团，备用。

3. 将部分糯米粉放在案板上，加入白糖，注入适量清水，搅拌匀，再分次加入余下的糯米粉、
   清水，搅拌匀，揉搓至光滑。

4. 放入澄面团、猪油揉搓至完全融合，将面团滚上少许面粉擀平，制成面片。

5. 把备好的豆沙搓成长条，制成馅料放在面片上，制成面卷儿。

6. 分成数个大小一致的小段，制成豆沙卷生坯，放在刷有食用油的蒸盘上。

7. 蒸锅上火烧开，放入蒸盘大火蒸约 8 分钟，裹上椰蓉，摆盘即成。

多色芋圆

好吃Q弹的芋圆，还有那缤纷多彩的颜色，是我们充满色彩的童年。

原料

去皮芋头、红薯各200克，去皮紫薯250克，红薯淀粉390克，土豆淀粉105克，白砂糖90克，椰奶、龟苓膏各适量，清水95毫升

做法

1. 红薯、紫薯、芋头分别切片装盘蒸熟。
2. 蒸好后把红薯压成泥，加入30克白砂糖，加入120克红薯淀粉，加入30克土豆淀粉。
3. 揉成面团状，加30毫升水，成团即可。
4. 紫薯团的制作步骤同上。
5. 将150克红薯淀粉、45克土豆淀粉及已经压好的芋头泥混合匀，加入35毫升的清水，揉成芋头团。
6. 将三种颜色的团子分别切小段，撒上土豆淀粉防粘连。
7. 锅中大火烧开水，放入团子，煮5分钟至熟，捞出放入冰水中，过一会儿捞出。
8. 把龟苓膏切小块，和三种圆子码好，倒入椰奶即可。

橘子糖水罐头

分量：1~2人份

橘子糖水罐头的家常做法真是简单到没技术可言，就是水煮、放糖、贮存这简单三步就搞定的问题。要说有点难度，就是贮存的容器要干净清爽无油，这是能长久保存的重点。

原料

橘子5个，冰糖100克

做法

1. 将橘子剥皮，掰成小瓣，撕去橘子瓣上的橘络。

2. 将橘子焯水，捞出备用。

3. 锅中放冰糖，加入两小碗清水（约400毫升）。

4. 将糖煮溶化后加入焯水过的橘子，中小火煮5分钟，关火。

5. 将耐高温玻璃瓶入开水中烫过再擦干，不留水渍。

6. 将煮好的糖水橘子趁热装入玻璃瓶中，盖紧盖子，立即倒扣放置2小时，再放入冰箱储存即可。

锅贴

这种煎烙的馅类小食品，制作精巧，且味道精美，还可根据季节配以不同的时新蔬菜，一直是深受大众喜爱的点心。

原料

肉末80克，面粉155克，姜末、葱花各少许，盐、鸡粉、
白胡椒粉、五香粉各3克，芝麻油、生抽、料酒各5毫升，
食用油适量

做法

1. 取一碗，倒入130克面粉，注入适量的温水，和成面团，裹上保鲜膜，醒15分钟。

2. 撕开保鲜膜，取出面团，分成若干个剂子。

3. 撒上剩下的面粉，用擀面杖将其擀成薄面皮。

4. 肉末中倒入姜末、葱花，加入盐、鸡粉、白胡椒粉、料酒、五香粉、芝麻油、生抽，充
   分拌匀，腌渍10分钟，往面皮里放上适量的肉末，将面皮边缘捏紧，制成锅贴生胚。

5. 将剩余的食材逐一制成生胚，待用。

6. 热锅注油烧热，加入少许清水，将锅贴生胚整齐地摆放在锅中，大火煎约6分钟至锅内
   水分蒸发，装盘即可。

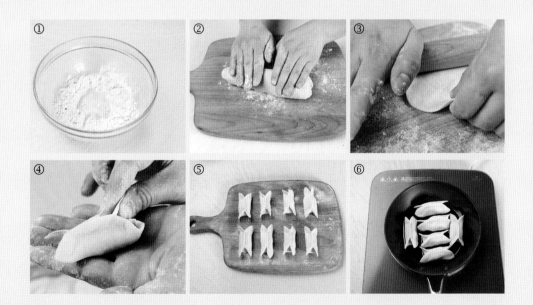

太妃糖

分量：2~3 人份

《老友记》中有一集 ROSS 曾提到咸水太妃糖是用普通盐水做的，并不是真的加入海水制作。不过只要好吃，谁会认真呢。

原料

动物奶油 180 克，盐 1 克，细砂糖 60 克，麦芽糖 60 克

做法

1. 将所有材料倒到小锅中，中火加热到沸腾，沸腾后改成小火，一边加热一边搅拌。
2. 直到糖熬到浓稠，温度达到 117℃ 时关火。
3. 熬好的糖浆凉凉后倒入模具里。
4. 糖冷却凝固后脱模即可。

分量：4~5人份

糖炒栗子

秋冬季节在街头漫步，经常可以闻到一阵阵香甜的气息，胖乎乎、热腾腾的糖炒栗子总会诱惑你的味蕾。它是秋冬季必备小食！

原料

栗子500克，白糖20克，粗盐粒30克

做法

1. 栗子用剪刀剪个口子，口子的长度至少1厘米长、2毫米深。

2. 将切好口子的板栗在清水中浸泡15分钟，然后用干净的布吸干水分。

3. 在干净的锅中倒入粗盐粒，倒入板栗，中火慢慢加热，用铲子翻炒，翻炒是为了使栗子受热均匀。

4. 放入白糖继续翻炒，你会看到糖粒包裹在栗子上，不用担心，继续炒。

5. 几分钟后，板栗的口子有点张开了，加快翻炒直至栗子熟透即可。

分量：2~3 人份

老豆腐

老豆腐洁白明亮、嫩而不松，卤清而不淡，风味独特，让人吃上一口就难忘。

原料

老豆腐 460 克，食用油适量

做法

1. 备好的老豆腐切成厚片。

2. 热锅注入适量食用油，烧至八成热。

3. 放入切好的老豆腐，炸至金黄色。

4. 将炸好的豆腐捞出。

5. 装入盘中即可。

臭豆腐

分量：1~2人份

臭豆腐是中国传统特色小食之一。其名虽俗气，却外陋内秀、平中见奇，源远流长，是一种极具特色的中华传统小食，古老而传统，令人欲罢不能。

原料

臭豆腐 300 克，泡椒、大蒜、红椒、葱条、香菜各适量，生抽 5 毫升，盐、鸡粉各少许，鸡汁 5 毫升，陈醋 10 毫升，芝麻油 2 毫升，食用油适量

做法

1. 洗净的香菜、大蒜切末。

2. 葱条、红椒切丝，再切粒。

3. 泡椒切碎，剁成末，备用。

4. 锅中注油，烧至六成热，放入臭豆腐，炸至臭豆腐膨胀酥脆。

5. 捞出炸好的臭豆腐，装入盘中，备用。

6. 用油起锅，放入切好的食材，炒香。

7. 加入适量清水，放入生抽、盐、鸡粉，淋入鸡汁，拌匀。

8. 加入陈醋，调匀，倒入芝麻油，搅拌匀。

9. 放入香菜末，混合均匀。

10. 把味汁盛出，装入小碗中，用以佐食臭豆腐。

分量：一人份

鸭血粉丝汤

它是南京的传统名吃，是久负盛名以鸭为特色的美食之一。鸭血粉丝汤由鸭血、鸭胗等加入高汤和粉丝制成，集聚鸭之美味。

原料

鸭血50克，鸡毛菜100克，鸭胗30克，粉丝70克，八角2个，高汤适量，鸡粉2克，胡椒粉、料酒、盐各适量

做法

1. 锅中注水烧开，放入盐、八角、料酒、鸭胗，盖上锅盖，将鸭胗煮熟，再捞出，切成片。

2. 将粉丝用开水泡发烫软。

3. 锅中倒入高汤煮开，加入盐，拌匀，放入鸭血，搅拌片刻。

4. 将鸭血煮熟后捞出，再下入粉丝，烫熟后盛出装入碗中，摆放上鸭血。

5. 将鸡毛菜放入汤内，加入鸡粉、胡椒粉，拌匀。

6. 将鸭胗片、鸡毛菜摆在粉丝上，浇上汤即可。

烤红薯

分量：1~2人份

用烤箱来烤红薯，再也不用忙活半天，还满脸是灰的才能吃到美味烫手的烤红薯啦！

原料

红薯1个，烤箱、锡纸

做法

1. 红薯不用清洗，去掉上面的泥土即可，烤盘垫上锡纸，放上红薯。

2. 放入烤箱中层。

3. 烤箱上下火250℃，根据红薯大小调整烘烤时间30分钟左右，烤至红薯表面流油即可。

奶香玉米棒

分量：3人份

绝对可以和外面买的玉米棒相媲美的美味小食。奶香四溢，黄澄澄的玉米让你直流口水。牛奶煮出来的玉米棒，奶香四溢，黄澄澄的玉米让你直流口水。

原料

新鲜甜玉米棒3根，黄油15克，三花淡奶200毫升，盐1克

做法

1. 将玉米棒洗干净，用刀切成小段。

2. 放入锅里，加入清水至刚刚没过玉米。

3. 加入三花淡奶和黄油，放入盐。

4. 盖上盖，开大火煮开，然后改小火慢煮半小时至熟即可。

分量：1~2人份

双皮奶

双皮奶是顺德的一道美食，口感的嫩滑与浓郁的奶香是吸引人之处。大家不想试试？

原料

全脂牛奶500毫升，鸡蛋3个，细砂糖27克

做法

1. 蛋白和蛋黄分离，蛋白打散备用。

2. 牛奶放锅里煮开。

3. 倒入小碗中，自然冷却到表面结一层奶皮。

4. 将牛奶缓缓倒回锅内加热，放入白糖后搅拌匀。

5. 倒完后奶皮会贴于碗底。

6. 碗上放一个漏网，将牛奶、蛋白缓缓倒入碗中使奶皮浮起。

7. 盖上保鲜膜放入蒸锅，水开后改中火蒸15分钟。

8. 关火，闷2~3分钟之后再开盖，打开保鲜膜即可。

软糯豆沙粽子

甜滑的豆沙被软糯的江米包裹，再沾染上粽叶的香气，不仅仅是一道传统食品，还是一道让人无法放下的美味。

原料

水发江米200克，红豆沙40克，粽叶若干，

粽绳若干

做法

1. 取浸泡过12小时的粽叶，剪去柄部，从中间折成漏斗状。

2. 将已泡发8小时的江米放入，放入红豆沙，再放入江米，将食材完全覆盖压平。

3. 将粽叶贴着食材往下折。

4. 将右叶边向下折，左叶边向下折，分别压住。

5. 将粽叶多余部分捏住，贴住粽体，用浸泡过12小时的粽绳捆好扎紧。将剩余的食材依
   次制成粽子，待用。

6. 电蒸锅注入适量清水烧开，放入粽子，煮90分钟。

7. 开盖将粽子取出放凉，剥开粽叶即可食用。

分量：一人份

炸芝士三明治

这道三明治是明朝时期由国外引进的，味道香浓可口，一直到现在都深受人们喜爱。

原料

吐司2片，生马苏里拉芝士50克，牛奶、鸡蛋液、低筋面粉各适量，
盐、胡椒粉、糖粉各少许，食用油适量

做法

1. 将吐司切边，生马苏里拉芝士切成1厘米厚度，吐司上放生马苏里拉芝士2片。

2. 撒上盐和胡椒粉，再放上一片吐司。

3. 切半的三明治先沾牛奶，再裹面粉。

4. 最后沾鸡蛋液作为炸衣，放入160℃的油锅中。

5. 三明治翻面，让前后炸匀呈金黄色，捞出沥干。

6. 静置1分钟左右，斜向切半放入盘中，最后撒上糖粉即可。

分量：1~2人份

酥脆、香甜，还有腰果独特的香味，从小不变的味道，一道在家、在办公室都不可缺少的小食。

原料

腰果400克，盐350克

做法

1. 腰果用清水洗干净，再用清水浸泡5小时，沥干水分，晒24小时。

2. 放入烤盘，用盐将腰果全部盖上。

3. 烤箱事先预热，烤盘放烤箱中层，调为160℃，烤20分钟。

4. 在烤的过程中，看见上层的腰果变色时就要翻动，大概翻动2~3次。

5. 将烤好的腰果倒入筛子里，把盐筛出即可。

花生红豆龟苓膏

分量：1~2 人份

龟苓膏本身是相当苦的，加上花生和红豆后会变得香甜可口，是夏日里一道不错的凉品。

原料

龟苓膏 150 克，蜜红豆 50 克，熟花生米 50 克，炼乳 15 克，冰糖 15 克

做法

1. 将备好的龟苓膏切成小块，备用。
2. 锅中注入适量清水烧热，放入冰糖。
3. 搅拌匀，煮至完全溶化，关火后将糖水盛入碗中。
4. 加入龟苓膏。
5. 放入炼乳、蜜红豆、熟花生米即可。

原料

酒酿 40 克，鸡蛋 2 个，白糖、枸杞各适量

做法

1. 鸡蛋打入碗中，搅匀打散。

2. 热锅注水烧开，放入酒酿、枸杞。

3. 搅拌片刻煮沸，加入白糖，拌匀。

4. 煮好的甜酒酿冲入鸡蛋液中即可。

酒酿冲蛋

寒冷的冬季来一碗热乎乎的酒酿冲蛋，不仅是给胃的温暖，还是一道舌尖上的美食。

猪肉脯

分量：3~4 人份

猪肉脯一直是我的大爱，不光解馋，还很有嚼劲。饭后，坐在电视机旁，捧着一碗猪肉脯，边嚼边跟另一半讨论剧情，这生活场景，简直不要太惬意！

原料

猪肉 500 克，白芝麻适量，白糖、蜂蜜、花雕酒、老抽、盐各适量，白胡椒粉、鸡粉各少许

做法

1. 将猪肉用搅肉机搅碎，加入白糖、老抽、白胡椒粉、盐、鸡粉、花雕酒调味。

2. 分次加入清水，单方向搅上劲，加入白芝麻，搅拌均匀。

3. 烤盘上铺好锡纸，锡纸上放上搅匀的猪肉糜。

4. 猪肉糜上覆上保鲜膜，用擀面杖擀压，越薄越好。

5. 撕开保鲜膜，在肉糜表面刷蜂蜜。

6. 烤箱预热 200℃，放入烤盘，烤 5~8 分钟。取出，翻面，换一张锡纸，另一面也刷一层蜂蜜，再次送入烤箱烤 5~8 分钟。将两面水分烤干，均烤成金黄色，即可出炉。

7. 冷却后剪成合适的大小即可。

棒棒糖

小朋友最爱的棒棒糖，是不是分分钟让你想起自己小时候舔着棒棒糖的模样呢？

原料

珊瑚糖 220 克，纯净水 22 毫升，可食用糯米纸、可食用花各适量

做法

1. 珊瑚糖和纯净水混合平铺在锅里，小火持续加热至 170℃。

2. 锅离火放在湿布上降温，待糖水里面的气泡消失，将糖浆倒入到没有纸棒孔的一面，冷却至表面凝结。

3. 将糯米纸正面摆上可食用花，盖在糖浆上。

4. 锅里的糖浆继续加热到 130℃左右，另一半模具每个插孔都插上纸棒，倒满糖浆。

5. 迅速将有糯米纸的一面模具反扣在有纸棒的模具上，轻轻压紧。

6. 等待棒棒糖完全冷却，打开模具，可用小刀或者剪刀去掉棒棒糖多余的糖，用喷火枪把表面喷一下，可使表面变亮，用包装袋和扎带包装扎紧即可。

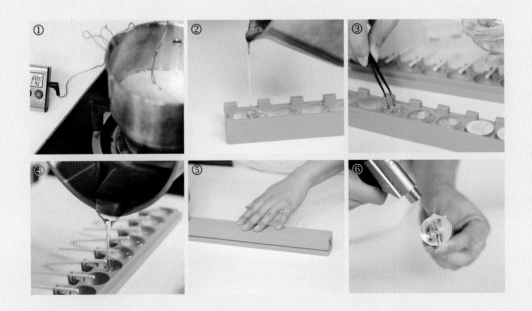

果丹皮

记忆中的果丹皮就是一层透明的糖纸裹着的那根长长的深深的枣红色薄片，打开来用手将卷将开，然后撕着吃，这是儿时为数不多的小食中的一个，酸酸甜甜的口感，吃了一个还想接着吃，这就是果丹皮的美好回忆。

原料

新鲜山楂800克，白砂糖100克

做法

1. 洗净的山楂去核装入碗中，切成小块。

2. 山楂块、白砂糖倒进锅里。

3. 熬至山楂变软后关火，用料理机搅打成果酱，倒入锅内继续加热，用橡皮刮刀搅拌至果酱浓稠不滴落。

4. 烤箱预热至150℃，果酱摊在铺好锡纸的烤盘内抹平。

5. 烤箱上下火150℃，中层烤60分钟左右至表面干爽，按下不黏手，放凉后将整张果丹皮揭下。

6. 切掉四周不平整的地方，切成片，卷成卷即可。

红薯干

分量：6~7人

红薯干有益气生津等食用和药用功能，被联合国誉为『最健康的食品』。不说了，去做红薯干了。

原料

红薯 4~5 个

做法

1. 红薯洗净去皮，切成粗细一致的条状。

2. 切好的红薯放入蒸锅中，大火将其蒸至八成熟。

3. 将红薯取出，放置在通风处风干。

4. 风干后再放入蒸锅中将其用大火蒸 15 分钟。

5. 将红薯取出，再置于通风处将其风干即可。

山楂糕

山楂糕是一道流行于北方地区的传统民间糕点，口感爽滑细腻，甜美冰凉可口，是一种很不错的食品。其味甘冽微酸，具有消积、化滞、行瘀的食疗价值。

原料

山楂850克，白糖、柠檬汁、蜂蜜各适量

做法

1. 将去核的山楂洗净，放入料理机内，加入少许清水，搅碎。

2. 倒入锅内，加入白糖、柠檬汁，用中火开始熬煮。刚开始的时候慢慢变色，撇掉浮沫。

3. 随着熬煮，开始冒小泡，这时候一定要小心，这些小泡一爆裂，就会有热的果酱溅出，小心烫伤。

4. 继续熬煮，开始慢慢变得黏稠起来，泡越来越大。

5. 熬煮到这个时候，会变得非常黏稠，搅拌有阻力，会有大泡产生，没有液体溅出，就可以关火了，晾温后倒入蜂蜜搅匀。

6. 保鲜盒内铺保鲜膜，将山楂酱倒入保鲜盒内，抹平，凉凉，放冰箱冷藏即可。